普通昆虫学实验教程

第 2 版

刘志琦　董　民　主编

中国农业大学出版社
·北京·

内 容 简 介

　　本教材分为昆虫的外部形态、昆虫的内部解剖与生理、昆虫的生物学、昆虫的分类、昆虫的生态和昆虫实验技术 6 部分，共计 15 个实验。内容包括昆虫头、胸、腹部基本构造与变化；昆虫内部器官、系统相对位置及基本构造；昆虫的变态、各虫态类型及主要生物学特性；昆虫成虫分目检索表及主要目的中国常见科分科检索表；过冷却点测定、生命表组建与分析等基础知识。

　　本教材整理、配套了部分特征图和整体图，为读者准确地把握实验内容和实验方法提供了有效的工具和帮助，适宜植保专业、森保专业、生物学专业和动物学等相关专业人员学习使用。

图书在版编目(CIP)数据

　　普通昆虫学实验教程/刘志琦，董民主编. —2 版. —北京:中国农业大学出版社,2016.9(2024.5 重印)

　　ISBN 978-7-5655-1710-5

　　Ⅰ.①普…　Ⅱ.①刘…　②董…　Ⅲ.①昆虫学-实验-高等学校-教材
Ⅳ.①Q96-33

　　中国版本图书馆 CIP 数据核字(2016)第 226143 号

书　　名	普通昆虫学实验教程		
作　　者	刘志琦　董　民　主编		
策划编辑	王笃利　梁爱荣　孙　勇	责任编辑	潘晓丽
封面设计	郑　川　李尘工作室	责任校对	王晓凤
出版发行	中国农业大学出版社		
社　　址	北京市海淀区圆明园西路 2 号	邮政编码	100193
电　　话	发行部 010-62818525,8625	读者服务部	010-62732336
	编辑部 010-62732617,2618	出　版　部	010-62733440
网　　址	http://www.cau.edu.cn/caup		
经　　销	新华书店	E-mail	cbsszs @ cau.edu.cn
印　　刷	北京时代华都印刷有限公司		
版　　次	2016 年 9 月第 2 版　　2024 年 5 月第 3 次印刷		
规　　格	787×980　　16 开本　　9.25 印张　　170 千字		
定　　价	20.00 元		

图书如有质量问题本社发行部负责调换

第 2 版前言

普通昆虫学一直是我国植保专业、森保专业、生物学专业和动物学等专业学习的主干课程之一。

习近平总书记在党的二十大报告中指出"科技是第一生产力、人才是第一资源、创新是第一动力""实施科教兴国战略,强化现代化建设人才支撑"。人才是引领行业发展的第一资源,而教材是人才培养的根本。

中国农业大学与西北农林科技大学、华南农业大学合作编写的"面向 21 世纪课程教材"《普通昆虫学》(彩万志、庞雄飞、花保祯、宋敦伦,2001)已出版多年。但教学中,由于一直没有与之配套的实验教材,教师和学生都深感不便。为此,我们于 2009 年编写了这本实验指导(第 1 版)。

考虑到目前各院校普通昆虫学课程的学时在不断减少,因此我们在此实验指导修订过程中,对昆虫分类学部分的实验及其内容进行了适当的精简与合并。本书仍分为昆虫的外部形态、昆虫的内部解剖与生理、昆虫的生物学、昆虫的分类、昆虫的生态和昆虫实验技术 6 部分,但由于分类部分的实验由原来的 9 个合并到现在的 4 个,因此整个课程的实验由原来的 20 个减少到现在的 15 个。同时,根据目前大多数院校普通昆虫学课程的安排和教学内容,我们对分类部分的实验内容也进行了一定的简化,重新编写了更加简明实用的昆虫成虫分目检索表和几个大目的中国常见科分科检索表,再次梳理了相关特征图和整体图,为读者准确地把握鉴别特征和正确地鉴定昆虫提供有效的工具和帮助。

本书的第一章至第三章由董民编写,第四章由刘志琦执笔,第五章和第六章由董民完成,全书由刘志琦统稿。

本书的编写得到河北大学的任国栋教授、石福明教授,中国农业大学的杨定教授、王心丽教授和刘星月副教授等许多专家的支持与帮助,彩万志教授审阅了全稿,金利杰同学完成了本书部分内容的录入和校对工作,谨此鸣谢!

对于本书特别是检索表中的错漏之处,恳请读者批评指正。

编　者

2024 年 5 月

第 1 版前言

普通昆虫学一直是我国植保专业、森保专业、生物学专业和动物学等专业学习的主干课程之一。

中国农业大学与西北农林科技大学、华南农业大学合作编写的"面向 21 世纪课程教材"《普通昆虫学》(彩万志、庞雄飞、花保祯、宋敦伦,2001)已出版多年。但教学中,由于一直没有与之配套的实验教材,教师和学生都深感不便。为此,我们编写了这本实验指导。

本书包括昆虫的外部形态、昆虫的内部解剖与生理、昆虫的生物学、昆虫的分类、昆虫的生态和昆虫实验技术 6 部分,共 20 个实验。考虑到目前各院校普通昆虫学课程的学时在不断减少,普通昆虫学的一些课程内容已延伸为一些专业选修课,如昆虫生理生化、昆虫分子生物学、昆虫遗传学和昆虫生态学等,所以在本书编写过程中,我们加强了各院校都普遍设置的基础知识部分的实验,适当精简和合并了一些机理性或生理生化等方面的实验。由于近年出版的教科书受篇幅所限,在昆虫分类部分仅多提供常见昆虫或经济昆虫的整体图,本实验指导特意补充了昆虫分目和 11 个常见目的分科检索表、大量的特征图和整体图,为读者准确地把握鉴别特征和正确地鉴定昆虫提供有效的工具和帮助。

同样由于篇幅原因,对于配套教材中已有的昆虫整体图,在此多不再重复,对此还请读者使用时注意。另外,在本书编写初期,曾计划增加一些探究性或试验性的实验内容,但由于时间仓促,只好待以后再版时补充了。

本书的第一章至第三章由董民编写,第四章由刘志琦执笔,第五章和第六章由董民完成,全书由刘志琦统稿。

本书的编写,得到河北大学的任国栋教授、石福明教授,中国农业大学的杨定教授、王心丽教授等许多专家的支持与帮助,彩万志教授审阅了全稿,田燕林同学完成了本书部分内容的录入和图片处理工作,谨此鸣谢!

对于本书特别是检索表中的错漏之处,恳请读者批评指正。

编 者
2009 年 6 月

学生实验室守则

普通昆虫学实验是理论联系实际的重要方式之一。实验工作能够直接观察昆虫的形态、结构和生物学特性，进行分类鉴定，了解昆虫某些生理特征及其与生活环境的关系，不仅有助于更加牢固地掌握昆虫学的基础知识，而且也是培养和加强学生基本操作技术和正确分析实验结果，撰写报告等各种能力的教学环节。为保证实验的顺利进行，培养良好的工作习惯，学生必须遵守下列规则：

①对实验内容的理解程度是实验能否顺利进行的关键。因此，在实验前必须详细阅读实验教程，了解实验内容、原理、操作步骤与方法以及注意事项等信息，准备好必需的物品和文具。

②保持实验室安静，不要嬉笑和高声说话。实验过程中要听从教师指导，认真地按照操作规程使用仪器设备、有毒和腐蚀性的药品等。注意观察、分析，独立思考，按时完成作业，不要做与实验无关的事情。

③节约使用标本和药品等实验材料，节约水、电。对公共财产（如仪器、家具和小工具等）要特别爱护。实验室内的一切设备应力求整齐、清洁，切勿杂乱放置，未经教师允许，不得带出实验室。

④仪器发生故障时，应立即报告教师。如有仪器损坏或丢失，应报告教师说明原因，根据具体情况按相关制度处理。

⑤实验完毕，应对仪器和用具进行检查，清洗整理，归还所借物品，公共用具归还原处。昆虫尸体等残杂物品要放入指定的容器内，不得乱扔。经教师验收后才可离开实验室。

⑥值日生做好实验室的清洁整理工作，离开实验室前，应认真检查水、电等是否关好，严防发生事故。

目　　录

第一章 昆虫的外部形态

昆虫体躯及头部的一般构造

【目的】

了解昆虫体躯的一般结构,掌握昆虫纲的特征及其与蛛形纲、甲壳纲和多足纲的区别;了解昆虫头壳上的沟、分区及一些昆虫额唇基区和后头区发生的主要变化。

【材料】

蝗虫(东亚飞蝗或棉蝗等)、金龟子、家蝇成虫液浸标本;家蚕幼虫、粘虫幼虫及蝉、步甲、蝎蛉、象甲成虫液浸标本;昆虫头式类型示范标本(包括蝗虫、步甲及蝉等)。

【用具】

双筒镜、蜡盘、镊子、解剖针和大头针等常用解剖用具。

【内容与方法】

一、观察蝗虫

取蝗虫 1 头,头向左侧放入蜡盘中,用大头针自后胸插入固定在蜡盘上;用镊子拉开体背的前翅和下面褶叠着的后翅,使两翅不遮盖体躯,分别用大头针固定后进行观察(图 1-1)。

(1)体躯分段、分节及排列情况 昆虫的体躯分为头、胸、腹 3 段,胸部和腹部由一系列连续的环节组成,各称为体节(somite)。体躯表面是体壁形成的坚硬外骨骼(exoskeleton)。

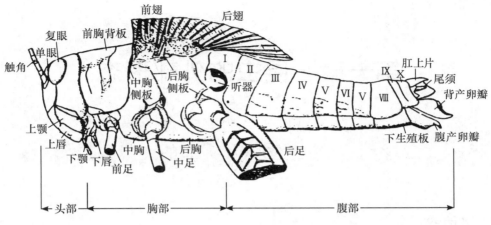

图 1-1　昆虫的体躯及其基本构造(仿周尧)

（2）头部　是感觉和取食的中心。头部各体节愈合成一个坚硬的头壳(cap-sule)，其上着生触角、复眼、单眼和口器。观察它们着生的位置与数目。

（3）胸部　是运动的中心，由 3 个体节组成，从前向后依次称为前胸、中胸和后胸。各体节分别由背板、侧板和腹板组成。各体节的侧板与腹板间分别生有 1 对分节的足。在中、后胸的背板与侧板间各生有 1 对翅，分别称为前翅和后翅。观察各体节连接的紧密程度，足的分节情况及前后翅质地的差异。

（4）腹部　一般由 9～11 个体节组成，末端有外生殖器、尾须及肛门。观察它们的位置、形状及相对位置。观察蝗虫体节数目；用镊子夹住腹部末端轻轻拉动，观察各体节间的连接方式及其坚硬程度。由于大部分内脏器官位于腹部，所以腹部是内脏活动与生殖中心。

（5）气门　是气管系统与外界沟通的构造，一般成对位于中、后胸的前部及腹部第 1 至 8 节的两侧。观察蝗虫第 1 腹节两侧的 1 对大鼓膜听器及它与腹部第 1 对气门的相对位置。

二、观察金龟子和家蝇

取金龟子和家蝇各 1 头，按同样步骤进行观察，比较各部分构造的同异。注意观察金龟子腹部气门的位置与数目；家蝇的一对翅为前翅还是后翅。

三、观察蝗虫头壳的构造

取蝗虫 1 头，观察头壳的构造。昆虫头壳上有一些后生的沟(sulcus)，它们将头壳分为若干个区(area)。以蝗虫为例,观察以下沟和区(图1-2)。

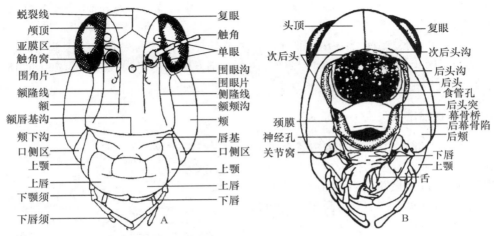

图1-2 东亚飞蝗的头部(仿陆近仁等)

A.前面观;B.后面观

1. 额唇基沟(frontoclypeal sulcus)

额唇基沟又称口上沟,是位于两上颚前关节之间的横沟。沟上面的部分称为额(frons),下面的部分称为唇基(clypeus)。通常将额与唇基合称为额唇基区,构成头壳的前面。此沟两端有2个陷口,称前幕骨陷(anterior tentorial pits)。

2. 额颊沟(frontogenal sulcus)

额颊沟是由上颚前关节向上至复眼下面的纵沟,为额与颊的分界线。两沟间的区域称为额,沟的外侧部分则称为颊(gena)。此沟在高等昆虫中已消失。

3. 后头沟(occipital sulcus)

后头沟是两上颚后关节向上环绕后头孔的第二条马蹄形沟。沟后的窄条骨片称后头(occiput),颊后的部分称后颊(postgena)。

4. 次后头沟(postoccipital sulcus)

次后头沟是环绕后头孔的第一条马蹄形沟。此沟近两侧下端的陷口,称后幕骨陷。沟后的骨片称次后头(postocciput)。次后头与颈膜相连,因此必须将头拉出才能观察到,并可看到沟的侧面有两个后头突,它们是颈部侧颈片的支接点。

5. 颊下沟(subgenal sulcus)

颊下沟是额颊沟与次后头沟间的1条横沟。沟下的部分称颊下区(subgenal region),又称口侧区。

6.蜕裂线(ecdysial line)

蜕裂线是颅顶中央1条倒"Y"形线,蜕皮时由此裂开。其两侧臂常为额的上界。

额之上,两复眼间背上方的部分称为颅顶(vertex),它与颊合称为颅侧区(parietals)。颅顶与颊之间没有沟。此外,还有环绕复眼的围眼沟(ocular sulcus),环绕触角的围角沟(antennal sulcus)等。

四、观察昆虫头式类型标本

不同类群昆虫的头部结构各有变化,口器在头部着生的位置或方向也有所不同。所以,昆虫头部的型式(即头式)常按口器在头部的着生位置分为如下3类(图1-3)。

1. 下口式(hypognathous)

口器向下,约与体躯纵轴垂直。具有这类口式的昆虫大部分为植食性,取食方式比较原始,如蝗虫和黏虫的幼虫等。

2. 前口式(prognathous)

口器向前,与体躯纵轴呈钝角或近乎平行。多数捕食性昆虫具有这类口式,如步甲和草蛉幼虫等。

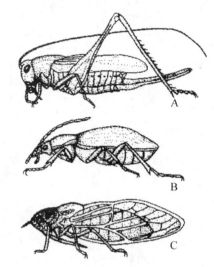

图1-3　昆虫的3种头式(仿 Eidmann)
A.下口式(螽斯);B.前口式(步甲);C.后口式(蝉)

3. 后口式(opisthognathous)

口器向后斜伸,与体躯纵轴成一锐角,不用时常弯贴在身体腹面。刺吸式口器的昆虫多属于这类口式,如蝉、蚜虫和蝽等。

五、观察昆虫头部的主要变化

昆虫头部发生变化的主要部位是头前面的额、唇基和后面的后头区(图1-4)。

(一)额唇基区的变化

1. 额唇基区的延长

取象甲1头,观察其额区延长。象甲的额区通常延长呈象鼻状,触角着生位置移到了喙的中部附近,离复眼甚远。观察蝎蛉唇基延长。蝎蛉头部为唇基延长,其触角和额唇基沟仍在正常位置。

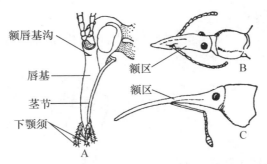

图 1-4　额唇基区的延长（A 仿陆宝麟；B，C 仿 ШВаНВИЧ）

A. 蝎蛉；B，C. 象甲

2. 额和唇基位置与形状的变化

观察蝉头部的前面，触角之间，单眼区以下隆起的大片部分都称为唇基。在此区的下部有一条横沟将其分成两部分，上面的大块称后唇基（postclypeus），下面的小块称前唇基（anteclypeus）。后唇基很发达，具横纹。额区则被后唇基挤到头顶，成为中单眼周围划分不明显的小区。

观察鳞翅目幼虫（如家蚕或黏虫等）的头部（图 1-5）。其前面的一块三角形骨片称为唇基。唇基三角两侧边的沟为额唇基沟，在沟的中部附近有前幕骨陷，此沟两旁呈"八"字形的两块狭窄骨片为额。即额位移到了唇基的两侧。

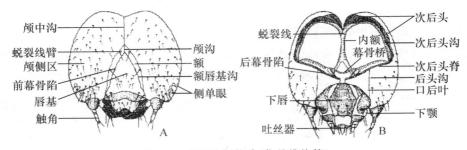

图 1-5　家蚕头部构造（仿吴维均等）

A. 正面观；B. 后面观

3. 颅中沟和蜕裂线

观察家蚕和粘虫幼虫的颅顶中央。该部位有 1 条从次后头沟向前伸到额区的纵沟，称颅中沟（epicranial sulcus）。蜕裂线的中干与颅中沟重合，两侧臂外露。两侧臂以内的狭窄骨片为额区。

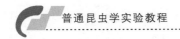

(二)后头区的变化

昆虫后头区的变化主要是扩大的口后片、口后桥、后颊桥及外咽片的形成。这里着重看外咽片和外咽缝(图1-6)。

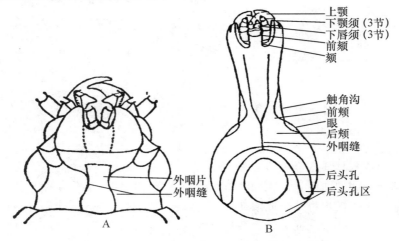

图 1-6　后头区的变化(仿赵养昌)

A. 金星步甲 *Calosoma auropunctatum*(Hbst.)头部腹面,示 2 条外咽缝及外咽片;

B. 松树皮象甲 *Hylobiusabietis haroldi* Faust 头部腹面,示 1 条外咽缝

1. 外咽片(gula)

在前口式昆虫中,由于口器转向前方,使头部前面的额唇基区转向上面;后颊区及口后区扩展延伸,头部的后面转向下方;原次后头沟下端的后幕骨陷被拉向前方、远距后头孔。这样,在后幕骨陷与后头孔之间与两段次后头沟围成的一块骨片即称为外咽片。

2. 外咽缝(gularsuture)

外咽片与后颊的分界线称外咽缝。外咽片常因后颊相向扩展而变狭,如果两后颊没有相接,可见到两条外咽缝。若彼此相接就只有 1 条外咽缝。

观察步甲的两条外咽缝和象甲的 1 条外咽缝(象甲体上有细毛需用针将其去掉才看得清楚)。

作业与思考题

①绘制蝗虫头部前面观线条图,注明各沟与区的中、英文名称。

②怎样区分昆虫头壳上的沟、线和缝?

③如何理解昆虫头式变化的适应意义?

实验二　　昆虫头部的感觉器官与口器

【目的】

了解昆虫头部主要感觉器官的外部构造及类型;了解昆虫口器的基本构造。

【材料】

东亚飞蝗、蜻蜓、金龟子、白蚁、埋葬甲、菜粉蝶、毒蛾、绿豆象(雄与雌)、叩甲虫(雄)、家蝇和库蚊(雄)的触角类型玻片标本;蝗虫(或蟋蟀)、胡蜂、牛虻成虫及粘虫(或家蚕)、叶蜂幼虫、蝉、天蛾(或菜粉蝶)、蜜蜂及家蝇的液浸标本;蝉口器横切面及这几类昆虫的口器玻片标本。

【用具】

双筒镜及常用解剖用具等。

【内容与方法】

一、观察昆虫头部感觉器官的构造及变化

昆虫主要的感觉器官大都着生在头部,这里只观察触角、复眼和单眼。

(一)触角

昆虫触角(antenna)的变化很大,有时同种昆虫不同性别间也存在差异,但其基本构造都是一致的。

1.观察昆虫触角的基本构造

触角是 1 对分节的构造,基本上由 3 节组成。

(1)柄节(scape)　触角基部的一节,通常粗短,由膜与头壳相连。

(2)梗节(pedicel)　触角第二节,较为细小。

(3)鞭节(flagellum)　触角第二节以后的整个部分,通常分为若干亚节,并且变化很大,形成各种类型。

2.观察昆虫触角的基本类型

触角的形状多种多样,其变化都在鞭节,可以归纳为如下若干主要类型(图1-7)。

(1)刚毛状　触角短小,基部1、2节较粗大,鞭节突然缩小,细如刚毛,如蜻蜓、叶蝉和飞虱等(图1-7A)。

(2)线状或丝状　各节粗细相仿,整个触角细长如线,如东亚飞蝗和一些蛾类等(图1-7B)。

(3)念珠状　各节略呈球形,大小相仿,整个触角形似一串念珠,如白蚁、蝎蛉等(图1-7C)。

(4)锯齿状　鞭节各亚节向一边突出,略呈三角形,状似锯齿,如雄性叩甲虫、雌性绿豆象等(图1-7F)。

(5)栉齿状　鞭节各亚节向一边伸出枝状突起,形似梳子,如雄性绿豆象等(图1-7G)。

(6)羽毛状或双栉齿状　触角鞭节各亚节向两边伸出枝状突起,形似羽毛,如

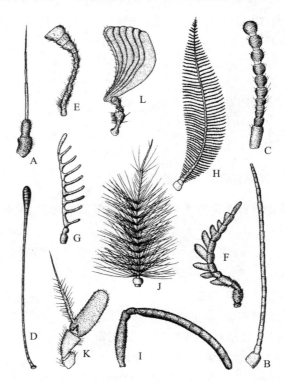

图1-7　昆虫触角的基本类型(仿周尧、管致和等)

毒蛾和雄性蚕蛾等(图1-7H)。

(7)膝状或肘状　柄节长、梗节短小,两者间折成一角度,呈膝状或肘状弯曲,鞭节由一些相似的亚节组成,如蜜蜂和一些象甲等(图1-7I)。

(8)具芒状　触角短,末节(第3节)最粗大,其背侧面着生一芒状构造,称触角芒,此芒可以是1根刚毛或为羽状毛,如蝇类(图1-7K)。

(9)环毛状　鞭节各亚节环生细毛,如雄性蚊类和摇蚊等(图1-7J)。

(10)球杆状　触角端部数亚节膨大合成球形,其他各节细长如杆,如蝶类等(图1-7D)。

(11)锤状　触角端部数亚节突然膨大合成锤状,如埋葬甲、郭公虫等(图1-7E)。

(12)鳃状　触角端部数亚节向一侧扩展成薄片,叠合起来呈鱼鳃状,如金龟子等(图1-7L)。

(二)复眼

复眼(compound eye)是昆虫的感光器官,由许多小眼组成。各类昆虫复眼的形状、大小以及小眼数目等都有所不同。观察和比较蝗虫、胡蜂及牛虻等昆虫的复眼。

(三)单眼

单眼(ocellus)也是昆虫的感光器官,但各个单眼只由1个小眼组成。昆虫的单眼分为背单眼与侧单眼两类。背单眼见于成虫及不全变态类幼期;侧单眼只见于全变态类幼虫。观察蝗虫和胡蜂的背单眼,粘虫(或家蚕)和叶蜂幼虫的侧单眼,注意它们的着生位置、数目及排列情况。

二、咀嚼式口器的观察

(一)以蝗虫为例观察典型的咀嚼式口器

昆虫因食物和取食方式不同,口器有多种适应性的变化,但都是由一种最基本、最原始的咀嚼式口器(chewing mouthparts)演化而来(图1-8)。

取蝗虫头部1个,将腹面向上放置进行观察。唇基与两颊下面是蝗虫的取食器官——口器。口器由上唇、上颚、下颚、下唇和舌5个部分组成,用镊子拨动和区分这几个部分。上唇和3对口器附肢所包围成的空腔称口前腔(preoral cavity),舌位于口前腔的中央。唇基内壁与舌的前壁围成食窦(cibarium),食窦前端的食物入口处称前口。舌的后壁与下唇基部前壁围成的空腔称唾窦(salivarium),唾液腺开口于唾窦基部。

未解剖前,先观察蝗虫各口器附肢之间的相互位置以及由头的前面、侧面、后面和腹面各能看到的部分。

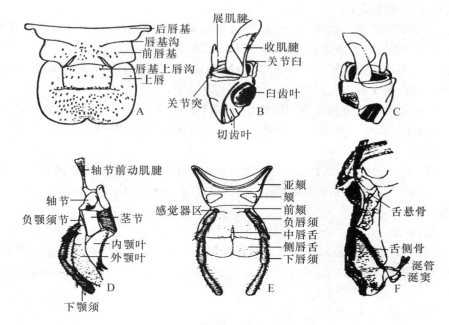

图 1-8　东亚飞蝗的口器（仿陆近仁等）

A.唇基和上唇前面观；B.左上颚里面观；C.右上颚里面观；

D.左下颚后面观；E.下唇后面观；F.舌侧面观

　　用解剖针拨动悬垂于唇基下的一个薄片——上唇（labrum）。注意其形状、活动方向，然后用镊子夹住上唇基部，用力取下上唇，置于蜡盘中。

　　取下上唇后，露出 1 对深色、大而坚硬并具齿的附肢——上颚（mandibles）。上颚的外缘呈弧形，内缘具齿，通常分为端部的切齿叶（incisor lobe）和基部的臼齿叶（molar lobe），以利于切嚼食物。观察、思考切齿叶与臼齿叶在形状和功能上的异同。上颚基部由膜与头壳、舌及下颚连接，并有前、后两个关节与头壳支持。观察这两个关节形状的区别，注意它们是球窝关节。用镊子夹住一侧的上颚左右摇晃，待其基部松动后，用力取下。观察上颚基部两束强大的肌肉：外侧的一束为展肌，内侧的一束为收肌。这两束肌肉的分别收缩可使上颚相背和相向运动。

　　取下上颚后，可见 1 对构造比较复杂且带须的附肢——下颚（maxillae）。下颚基部是三角形的轴节（cardo）。轴节下面连接一个相当粗大、呈长方形的茎节（stipes）。茎节端部有 2 个可以活动的叶状构造，里面的称内颚叶（叶节）（lacinia），外面的称外颚叶（盔节）（galea）。观察内颚叶与外颚叶形状和质地的差异。茎节外缘还着生 1 根一般分为 5 节的下颚须（maxillary palpus），下颚须着生在负颚须节（palpifer）上。观察下颚在头部的着生位置及其各组成部分，然后沿基部取下。

去掉下颚后，后面露出一块片状带须的附肢——下唇（labium）。下唇由 1 对与下颚相似的附肢合并而成。基部宽大的弓形骨片称亚颏（submentum），亚颏着生在头壳后面头孔的下方。亚颏的前面为 1 对（通常合并成 1 片）较小的骨片，称颏（mentum），这两部分合称为后颏（postmentum），相当于下颚的轴节。后颏再向前的 1 块骨片是前颏（prementum），相当于下颚的茎节，其端部具有 2 对叶状构造，外面较大的 1 对称侧唇舌（paraglossa），中间较小的 1 对称中唇舌（glossa）。前颏的两侧着生 1 对分为 3 节的下唇须（labial palpus），其基部有 1 负唇须节（palpiger）。观察下唇在头部的着生位置及各组成部分，然后取下该构造。

取下下唇后，头部腹面只剩下中央的一个囊状构造——舌（hypopharynx）。观察其构造，并注意舌与唇基基部之间的口，这是食物进入消化道的入口。舌和下唇基部之间有唾管的开口，唾液由此进入口前腔。

将舌取下，把口器各部分全部排列在蜡盘中，放少量清水，防止干缩、卷曲，以便进一步观察和绘图。

(二)以家蚕(或粘虫)及叶蜂幼虫为例,观察咀嚼式口器的一些变化

1.观察家蚕(或粘虫)的咀嚼式口器

取家蚕（或粘虫）幼虫 1 头，将头部取下，放在双筒镜下观察其口器构造（图 1-9）。上唇和 1 对上颚与直翅类昆虫的相似，其余部分则大不相同。从头部后面看，下颚、下唇和舌合并成一个复合体，两侧为下颚，中央为下唇和舌。下颚、下唇和舌在基部合并，端部分离。

（1）下颚　近似锥状构造，基部的短小骨片是轴节，与之相连的长形"L"状骨片是茎节，端部的突起为下颚叶（maxillary lobe）（由内外颚叶演变而来），其外侧分节的突起是下颚须。

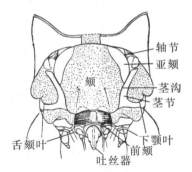

图 1-9　家蚕幼虫口器
复合体后面观（仿吴维均）

（2）下唇　复合体的中央一大片不太骨化的部分是颏，其基部两侧角处的骨片为亚颏。前颏骨化成拱形骨片，与舌形成袋状的舌颏叶。在复合体中央的端部有 3 个突起，中央 1 个为吐丝器，是下唇的唇舌，两侧分节的突起为下唇须。

（3）舌　形成复合体中部的前壁。

2.观察叶蜂幼虫口器与家蚕的差异

注意复合体各部分的合并、分离情况以及吐丝器等。

三、刺吸式口器的观察

(一)以蝉为例观察刺吸式口器的一般构造

刺吸式口器(piercing-sucking mouthparts)适于刺破和吸食动物血液或植物汁液,与典型的咀嚼式口器相比,其构造上产生一系列的变化,特点包括:上颚和下颚的一部分转化成细长的口针(stylets);下唇延长呈喙(rostrum)状;食窦和咽喉的一部分或分别形成强有力的抽吸构造——唧筒(或泵)(pump)。

1.观察蝉头部的外部形态

取蝉1头,观察各部形态特点,确定头部的一些构造(图1-10)。

(1)唇基 唇基是位于头部前面的广大区域,分为前后两大块,分别称为前唇基和后唇基。

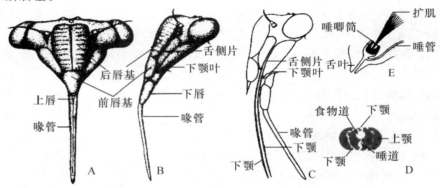

图1-10 蝉的刺吸式口器(A～D仿周尧;E仿Snodgrass)

A,B,C.口器;D.口针横切面;E.唾唧筒纵切面

(2)上唇 上唇为前唇基之前的一个三角形的小片,紧贴在喙基部。

(3)下唇 下唇延长成分为3节的喙,前面内凹成槽,槽内藏有4根口针。用解剖针从唇槽内将口针挑出,一般只能见到3根口针,因为1对下颚口针嵌合得很紧,不易分开。

(4)口针 侧面的1对为上颚口针,中间1对为下颚口针。上颚口针较粗,主要用来刺破植物组织。下颚口针较细,每针内侧有2条槽,两针嵌合分别组成食物道和唾道。4根口针的基部均由头部腹壁的囊内伸出。

(5)舌 舌位于口针基部口前腔内,呈突出的舌叶状,其两侧扩展形成舌侧片,嵌接在唇基和茎节(下颚叶)之间,成为头壳的一部分。用解剖针拨动唇基,可以看到舌侧片是舌的扩展部分。

2.观察蝉口器横切面玻片标本

观察蝉口器横切面玻片标本(图 1-10D),区分食物道与唾道的构成情况。前面较粗的为食物道,后面较细的为唾道。观察两下颚口针的嵌合缝,这一构造适于口针前后滑动而不易分离。

(二)以蚊为例观察昆虫刺吸式口器的变化

蚊的口器细长,下唇形成的喙明显可见,除下颚须外,由上唇、上颚、下颚及舌特化成的 6 根口针全部藏于喙形成的唇槽内(图 1-11)。观察蚊口器玻片标本。

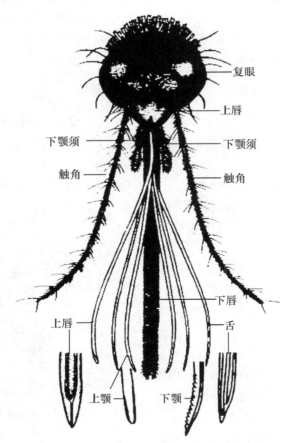

图 1-11　蚊的刺吸式口器(仿 Matheson)

上唇是口针中最粗壮的1根,端部尖锐,内壁凹陷成食物道。上唇紧接唇基,不能伸缩。

上颚是口针中最细的1对,易弯曲。雄蚊常无上颚,如有,也比较短而弱,所以雄蚊不吸血。

下颚口针由内颚叶形成,端部尖锐,具有倒齿。下颚须分为4节,雌蚊的下颚须很短,不及喙长1/4;雄蚊的下颚须很长,约与喙长相等。下颚口针可以单独伸缩,是最重要的取食器官。

舌是一根细长而扁平的口针,位于上下颚之间,中央通有1条导注唾液的管道,即唾道。唾道开口于针端。

喙代表下唇的前颏,后颏已经消失。下唇端部膨大成2叶,为下唇须特化而来的唇瓣。唇瓣分为2节。雌蚊准备吸血时,用唇瓣触及皮肤,口针成束刺入,达到微血管后开始吸血,喙留在皮肤外面。

四、虹吸式口器的观察

虹吸式口器(siphoning mouthparts)适于吸吮深藏在花底的花蜜,为鳞翅目成虫所特有,主要构造是一个长而能卷曲的喙和一个发达的食窦——咽喉唧筒。

1. 观察天蛾液浸标本

取天蛾液浸标本1头,将头部取下放入带水的培养皿中,用镊子夹住卷曲的喙,用细昆虫针把额、唇基、上唇等附近的鳞片轻轻去除干净,然后进行观察(图1-12)。

(1)上唇　上唇是头壳最前缘的1条狭窄横片。上唇两侧角处,自唇基长出1对镰状的突起,称为唇基侧突,具细密的长毛,盖住喙基部的侧角。

(2)内唇　把喙基部向下压,即可从上唇的前缘露出一个三角形的半透明薄片,即内唇,其正贴在喙中缝的下面,盖在食物道进入"口"的入口处。

(3)下唇须　把喙的卷曲部分剪去,将头壳翻转,从腹面观察,可见到发达的

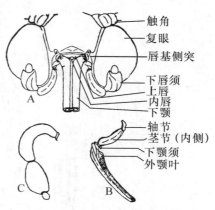

图1-12　猪秧赛天蛾的头部,示口器(仿陈合明)

A.头部前面观;B.下颚;

C.下唇须(均已去鳞片)

下唇须。下唇须分为3节,外侧密生细长的鳞片,内侧光滑。

(4)下颚 下颚是口器的主要组成部分,其轴节、茎节陷入头内。轴节短小,近似长方形,位于下唇须基节窝的前方。茎节长、大,稍弯曲,内侧凹陷,端部外侧具一近似球形的小突起,为下颚须。外颚叶延长形成发达的喙。喙由细小的骨化环和膜质组成。

剪断喙,观察切口(即喙的横切面),可以看到两个新月形的外颚叶嵌合成的食物道。喙不用时卷盘于头下,取食时,靠血压将其伸直,伸到花的蜜腺中吸蜜。食毕,借喙的弹力缩回(也有人认为是借环间斜行肌肉收缩而缩回)。

(5)退化结构 上颚消失,下唇除下唇须以外,全部退化。

2.观察菜粉蝶成虫的口器

菜粉蝶成虫的口器构造与天蛾近似,各组成部分的形状、大小略有不同,可以参考图1-12进行观察。

五、舐吸式口器的观察

舐吸式口器(sponging mouthparts)适于舐食和吸取物体表面的液体食物、被其唾液溶化的食物(如糖)及悬浮的固体微粒。其构造特点是下唇形成一条短喙,端部有一个很大的盘状构造,称为唇瓣;上唇和舌延长组成食物道和唾道。

观察家蝇成虫口器的玻片标本

口器从外观上看为一个粗短的喙,由3部分组成(图1-13)。

(1)基喙(basiproboscis) 喙基部以膜质为主的倒圆锥形部分称基喙,其前壁有一马蹄形唇基,唇基前为1对棒状不分节的下颚须。基喙是头壳的一部分。

(2)中喙(mediproboscis) 中喙是真正的喙,由下唇的前颏形成,其后壁骨化为唇鞘,前壁凹陷为唇槽。上唇为一长片,内壁凹陷成食物道,合在唇槽上。舌呈刀片状,紧贴在上唇下面,闭合食物道,唾道由舌内通过。

(3)端喙(distiproboscis) 端喙指喙末端的唇瓣(labella),由两个椭圆形的瓣状构造组成,两唇瓣间有一小孔,称为前口(prestomum)。唇瓣表面为膜质,横向排列有多条由小骨化环组成的环沟。这些环沟形似气管,故又称拟气管(pseudotracheae)。大部分环沟通过一条纵沟与前口相连(前口附近的环沟直接与前口相连),食物由环沟缝隙进入沟内,再流入纵沟,然后由前口进入消化道。

上颚和下颚的其他部分均已退化。

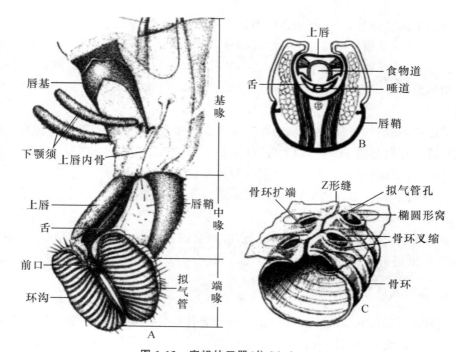

图 1-13 家蝇的口器（仿 Matheson）

A. 口器的侧面观；B. 中喙的横切面；C. 拟气管的一部分

六、嚼吸式口器的观察

嚼吸式口器（chewing-lapping mouthparts）是既能取食固体食物（如花粉），又能取食液体食物（如花蜜）的一类口器。其特点是上颚发达，适于咀嚼；下颚和下唇特化成一个适于吸吮的结构。

取蜜蜂 1 头，观察口器各部分。蜜蜂的口器见图 1-14。

（1）上唇　上唇是宽大的薄片，近似横长方形，有时压在上颚下面，需掀开上颚才能全部露出来。

（2）内唇（epipharynx）　掀开上唇，可在其下面见到近似膜质的内唇，它与上唇完全分开，只在基部相连。

（3）上颚　上颚长大，基部与端部较粗，中部较细，端部内侧凹成一沟，无端齿，也无基齿。1 对上颚合拢，相当于手状的工具，除咀嚼花粉外，可用以采集花粉，用蜂蜡筑巢，使喙伸展和折屈等，用处很多。

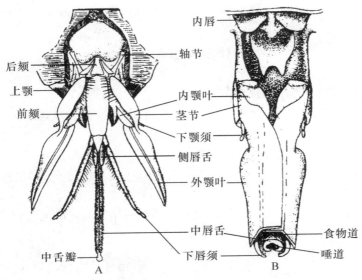

图 1-14　蜜蜂的口器（仿 Snodgrass）

A. 后面观；B. 喙管基部前面观

（4）下颚　从口器腹面用镊子将能活动的部分拉直，在后颊间的膜质区域内，可找到一组连成"W"形的骨化构造。"W"形构造，两侧与头壳连接的两块棒状骨片是轴节；轴节下面宽大长形的部分是茎节；与茎节端部相连的刀片状结构是外颚叶；外颚叶基部内侧有一个比较退化的膜质叶（即内颚叶），外侧有一个短小、分为 2 节的下颚须。

（5）下唇　"W"形构造中间呈"∧"形的两块骨片是亚颏，其基部连接于下颚轴节端部的关节处，端部则在膜质区中央与颏相连。颏位于两下颚的中央，在"W"形构造之下，呈长三角形。颏的下面是长大、光滑而色深的前颏。前颏端部中央连接的一条多毛的管状构造是中唇舌，它由许多骨化环和膜质环相间组成，因此能够弯曲伸缩。中唇舌腹面向里凹成一狭槽为唾道，末端稍膨大成匙状的结构，称中舌瓣。中唇舌基部有 1 对短小而薄的凹叶，凹面卷覆在中唇舌的基部，这就是侧唇舌。在前颏端部的两侧，有 1 对很长的须状构造，即下唇须，下唇须分为 4 节，由基部的负唇须节与前颏连接。

（6）舌　舌为膜质，覆盖在前颏的前面。唾液经舌下流过，在舌的端部开口流出，并转入中唇舌腹面的槽里，流向中舌瓣。

　　蜜蜂的喙只在吸食液体食物时才由下颚、下唇的有关部分拼合起来形成食物

道,不用时则分开并弯折于头下,露出上颚,以发挥上颚的咀嚼和筑巢等功能。

作业与思考题

①认知示范玻片标本的触角类型。

②描述所观察的几类昆虫单眼的类型、数目、着生位置及排列情况。

③绘制蝗虫口器各部分线条图(成对构造只绘 1 个),注明各部分的中、英文名称。

④与蝗虫相比,家蚕和叶蜂幼虫的口器有哪些明显的变化,如何理解其适应意义?

⑤比较咀嚼、刺吸、虹吸、舐吸、嚼吸式口器之间结构与功能的差异。

实验三　昆虫颈部与胸部的基本构造

【目的】

了解昆虫颈部与胸部的基本构造。

【材料】

蝗虫(东亚飞蝗或稻蝗、棉蝗)的液浸标本;石蝇、竹节虫、螳螂、蜚蠊、菱蝗、角蝉、白蚁、胡蜂及蝇的示范标本。

【用具】

双筒镜及常用解剖用具。

【内容与方法】

一、颈部和侧颈片的观察

昆虫的颈部是连接头部与胸部的可以做伸缩活动的膜质区域,即颈膜。颈膜中埋藏有几组骨片,统称为颈片(cervical sclerites)。颈部的背面、侧面和腹面都可以有颈片,但侧面的侧颈片特别重要。

取液浸的东亚飞蝗 1 头,头向左侧放于蜡盘中,用大头针固定头部。然后左手执解剖针按住头部,右手用镊子夹住胸部轻轻向右拉动虫体,待颈膜露出时固定胸部。在颈的侧腹面,透过颈膜(或将颈膜剪去)可以看到两块相互顶接成"V"形的骨片,这就是侧颈片(图1-15)。前后两块侧颈片分别称为前侧颈片和后侧颈片。前侧颈片的前方与次后头脊上的关节相连;后侧颈片的后方与前胸的前侧片相顶接。起源于头部和前胸的肌肉着生在这两块侧颈片上,通过肌肉的伸缩活动改变两骨片间的夹角,使颈部产生伸缩和弯曲运动。

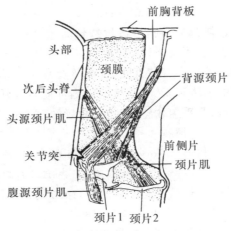

图 1-15 蝗虫 *Dissosteira* sp. 的颈
(仿 Snodgrass)

二、胸部结构的观察

用液浸的东亚飞蝗标本观察昆虫胸部的分节及连接情况,胸足和翅的着生位置,背板、侧板和腹板的划分及连接等。

(一)前胸

1. 观察东亚飞蝗的前胸(prothorax)并区分背板、侧板和腹板的构造

(1)背板(tergum) 背板特别发达,前方盖过颈部,后方盖住中胸前部。背板中央有纵向的中隆线,两侧向下延伸,盖在侧板之外。整个前胸背板呈马鞍形。

(2)侧板(pleuron) 侧板不发达,大部分被前胸背板盖住,并与背板内壁相贴,仅前下角外露。这块三角形的小骨片是侧板的前侧片。

(3)腹板(sternum) 腹板不太发达,主要由基腹片(basisternum)及具刺腹片(spinasternum)组成。基腹片较大,其前侧角延伸与前侧片连接,形成基前桥。具刺腹片较小,呈三角形,中央具一纵陷,即内刺突陷,里面为片状的内刺突(图1-16)。

2. 观察东亚飞蝗有无前胸腹板突

有些蝗虫(如稻蝗、棉蝗等)前胸腹板上有明显的锥状或圆柱状突起,称前胸腹板突,其大小与形状是重要的分类特征。

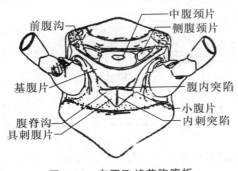

图 1-16 东亚飞蝗前胸腹板
外面观(仿虞佩玉等)

3. 不同昆虫前胸的变化

昆虫的前胸构造虽然较简单,但由

于无翅,不受飞行器官的限制,其大小、形状在不同类群中有很大的变化。观察各类示范标本:襀翅目的石蝇,3个胸节的形状和大小相似;竹节虫的前胸很短小;螳螂的前胸很长大;菱蝗的前胸背板向后延伸,直达腹部末端;蝗蟓的前胸背板向前扩展,几乎盖住整个头部;角蝉的前胸背板纵向扩展成各种奇异的角状突起等。

(二)翅胸

翅胸(pterothorax)是具翅的中、后胸的总称,为了适应飞行的需要,它们在构造上比较一致。与前胸不同,翅胸具有自己的特点:背板、侧板和腹板都很发达,彼此紧密连接,并有明显的沟,以形成坚强的飞行结构。

1. 观察东亚飞蝗的翅胸

(1)背板　将标本背面向上,头向前,固定于蜡盘中,再把一边的前、后翅展开固定,观察背板的构造(图 1-17)。

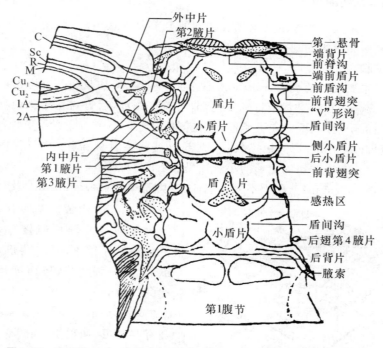

图 1-17　东亚飞蝗中、后胸背板及翅的基部外面观(仿虞佩玉等,有修改)

东亚飞蝗的前脊沟（antecostal sulcus）和前盾沟（prescutal sulcus）在中央一段重合。端背片（acrotergite）后面为巨大的盾片（scutum）。前盾片（prescutum）被盾片分割为两块，分别位于其左、右前侧角处。盾片的两侧缘骨化较强，前端向外突出形成前背翅突（anterior notal wing processes），成为翅在背面的主要支点。小盾片（scutellum）位于盾片的后方，中央隆起，其末端有一"V"形沟，将小盾片分为前、后、左、右几小块。盾间沟（scutoscutellar sulcus）不太明显，大部分已消失。

后胸背板的端背片已被中胸盖住，注意其小盾片后面的后背片（postnotum），由第1腹节端背片向前扩展而成，与后胸小盾片紧密接合，形成后胸背板最后的一部分。东亚飞蝗中胸没有后背片。

（2）侧板　先将标本头向左侧放入蜡盘中固定，再把翅展开固定，进行观察（图1-18）。每节的侧板上方均由膜质区域与翅基部相连，下方则以侧腹沟及基节窝与腹板分界。侧板中央有一条侧沟把每节的侧板分为前、后两片，分别称为前侧片和后侧片。侧沟的上方连接侧翅突（pleural wing process），下方连接侧基突（pleural coxal process）。观察这两个突起与翅和足的关系。前侧片上部有一条短沟将前侧片分为上前侧片和下前侧片两部分。

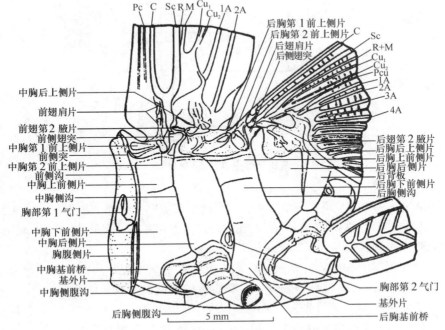

图 1-18　东亚飞蝗中、后胸侧面观（仿虞佩玉等）

此外，在侧板上方的膜质区内有几块小骨片，称为上侧片。在侧翅突前面的两块分别称为第1和第2前上侧片，侧翅突后面的一块称为后上侧片。前侧片在基节窝前方与腹板并接形成基前桥。

胸部有两对气门，中胸气门位于前侧片以前的节间膜上，后胸气门则位于中后胸之间。

（3）腹板　观察标本的腹面。东亚飞蝗的中、后胸腹板紧密相连，均向前移，后面和第1腹节腹板合并形成一大块甲状腹板，节间膜完全消失，并被有长而密的细毛（图1-19）。

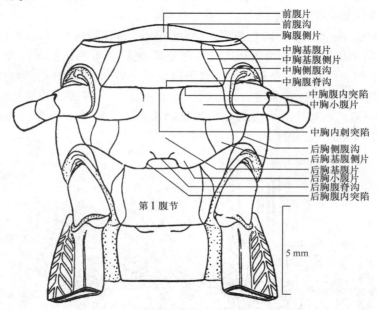

图 1-19　东亚飞蝗中、后胸腹板（仿虞佩玉等）

中胸腹板主要由一块大的基腹片和腹脊沟后两侧略呈方形的小腹片（sternellum）组成；而具刺腹片（即间腹片 intersternite）退化，仅保留一小的内刺突，并前移与腹脊沟的腹内脊连接。

后胸腹板呈"凸"字形。基腹片的前方突出于中胸小腹片间。小腹片位于基腹片后面的两侧，两者间没有沟划分。后胸腹板的后面没有具刺腹片。

为了使整个胸节成为强有力的飞行结构，侧板必须与背板和腹板上下紧密相连，前侧片与前盾片形成翅前桥（prealare），后侧片与后背片形成翅后桥（postalare）；侧板在胸足基节窝的前、后与腹板相接，分别形成基前桥（precoxale）与基后桥(postcoxale)。东亚飞蝗只有中胸的翅前桥和后胸的翅后桥,以及中胸和后胸的基前桥。

2.观察并比较中、后胸

中、后胸的大小与前、后翅的发达程度有关。比较白蚁、胡蜂和蝇类的中、后胸情况,说明其关系。

作业与思考题

①绘制东亚飞蝗中、后胸侧板构造线条图,注明各部分的中、英文名称。
②昆虫的胸部与头部相比,在构造与功能上有哪些特点?
③翅胸与前胸相比,在构造与功能上有哪些特点?

实验四　昆虫的胸足和翅

【目的】

了解昆虫胸足的基本构造及其类型;了解昆虫翅的基本构造,脉序及翅的变化类型。

【材料】

蝗虫、蝉、蟑、蜉蝣、草蛉(或蝎蛉)、金龟子、天蛾(或粘虫)、虻、蝇、蜜蜂以及蜻蜓的液浸标本;步甲足、蝗虫后足、蝼蛄前足、螳螂前足、龙虱后足、雄性龙虱前足、蜜蜂后足、虱类足及石蛾、夜蛾、刺蛾、小蜂、蓟马的翅玻片标本;蝗虫、金龟子、蝶、蟑、石蛾和蜜蜂的针插展翅标本。

【用具】

双筒镜和常用解剖用具。

【内容与方法】

一、胸足的观察

昆虫每一胸节均有 1 对胸足(thoracic legs)。胸足变化很大,同种昆虫 3 对胸足的形态也往往因功用不同而发生变化。

(一)基本构造

成虫的胸足分为 6 节,从基部向端部依次为基节(coxa)、转节(trochanter)、腿节(femur)、胫节(tibia)、跗节(tarsus)和前跗节(pretarsus)。节间有膜质相连,并由 1～2 个关节相连接。

(1)观察蝗虫的中足　基节粗短,以膜与胸部相连,上缘有一个关节窝与侧基突支接;转节是很小的一节,略呈筒形,基部与基节以前、后两个关节连接;腿节往往是足最粗壮的一节,基部与转节紧密相连,呈长筒形,末端与胫节以前后关节连接;胫节为长筒形,比腿节细而稍短,腹面具两排刺;跗节位于胫节末端,与胫节间有膜连接,分为 3 个亚节,第 1 和第 3 亚节长,第 2 亚节最短,各亚节腹面有成对的肉质跗垫,第 1 跗节下面有 3 对跗垫;前跗节包括 1 对爪(claw)和 1 个中垫。

(2)转节的变化　不同于蝗虫及大多数昆虫,蜻蜓的转节分为 2 节,观察示范标本。

(3)跗节的变化　跗节在各类昆虫中变化较大,可以有 2～5 个亚节,在同种昆虫的 3 对足中,其跗节的数目也可以不同。观察金龟子的跗节数目。

(4)前跗节的变化　前跗节的变化也很大(图 1-20)。观察虻和家蝇的爪间突与爪垫。

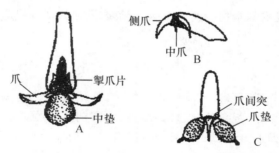

图 1-20　胸足的末端构造(仿管致和等)

A. 稻蝗 *Oxya chinensis* 后足末端,示侧爪、中垫及掣爪片;

B. 栉衣鱼 *Ctenolepisma* sp. 后足末端正面观;

C. 家蝇 *Musca domestica* 后足末端腹面观

(二)足的类型

昆虫胸足的形态差异较大。

1.观察各类型昆虫胸足的液浸及玻片标本

各类型昆虫胸足见图 1-21。

（1）步行足　步行足较细长，各节无显著特化（图1-21A），适于行走，如步甲和蜉等的足。

　　（2）跳跃足　跳跃足腿节特别膨大，胫节细长（图1-21B），当折在腿节下的胫节突然直伸时，可使虫体跳起，如蝗虫和跳甲的后足。

　　（3）开掘足　开掘足胫节宽扁有齿（图1-21D），适于掘土，如蝼蛄的前足。

　　（4）游泳足　游泳足扁平，有较长的缘毛，形似桨，用以划水，如龙虱的后足（图1-21E）。

　　（5）抱握足　抱握足跗节特别膨大，上有吸盘状构造，在交配时用以夹抱雌虫，如雄性龙虱的前足（图1-21F）。

　　（6）携粉足　携粉足胫节宽扁，两边有长毛，相对环抱形成"花粉篮"结构，用以携带花粉。基跗节（第1跗节）很大，内面有10～12横排的硬毛列，用以梳刷附着在体毛上的花粉，如蜜蜂的后足（图1-21G）。

　　（7）捕捉足　捕捉足基节延长，腿节腹面有槽，胫节可以折嵌在腿节的槽中，形似折刀，用以捕捉猎物，如螳螂的前足（图1-21C）。

　　（8）攀握足　又名攀缘足、把握足等，各节较粗短，胫节端部具1指状突，与跗节及呈弯爪状的前跗节构成一个钳状构造，能牢牢夹住人、畜的毛发等，如虱类的足（图1-21H）。

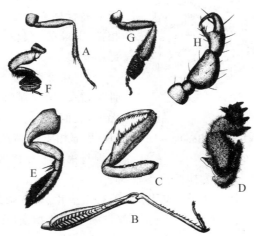

图1-21　昆虫胸足的基本类型（A～G仿周尧；H仿彩万志）

　　2.观察昆虫幼虫的胸足

　　昆虫幼虫的胸足构造比较简单，跗节不分节，前跗节只具一个爪。节间膜发达,节与节间通常只有一个背关节。观察粘虫幼虫的胸足。

二、翅的观察

(一)观察蝗虫翅(wings)的基本构造

观察后翅的形状,注意三角(即肩角、顶角和臀角)、三缘(即前缘、外缘、内缘或后缘)和臀前区、臀区的位置。

蝗虫的后翅很薄,膜质、透明,两层膜间的翅脉清晰可见。注意翅的厚薄和翅脉分布的疏密程度在翅的前缘与后缘、翅基与翅尖等处的差异,思考其与飞行功能的关系。

(二)观察翅的关节

以蝗虫、蜻蜓和蜉蝣等昆虫为例,观察翅的关节。

1. 观察蝗虫翅基部的关节骨片

蝗虫翅基部的关节骨片包括腋片(axillaries)和中片(medianplates),注意它们的形状、位置、相互关系及其与背板、侧板的支接情况。蝗虫前翅的腋片比后翅标

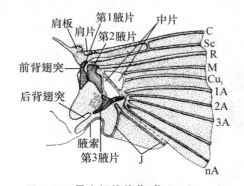

图 1-22 昆虫翅的关节(仿 Snodgrass)

准,观察时最好选用前翅(图 1-22)。

(1)第 1 腋片 它是一块不规则的厚骨片,前端延伸呈细颈状,内缘与背板的前背翅突相支接,外缘与第 2 腋片相接,前端的突起与亚前缘脉(Sc)的基部相支接。

(2)第 2 腋片 它是一块长三角形骨片,位于第 1 腋片的外侧,前部宽、后部窄,表面隆起。其外缘的前端与径脉(R)基部相支接,后半部与内中片相接,末端与第 3 腋片相接。第 2 腋片的下方正顶在侧板的侧翅突上,成为翅的活动枢纽。

(3)第 3 腋片 它是一块长形骨片,位于第 1 腋片、第 2 腋片及内中片的后方,以膜与盾片、第 1 腋片、第 2 腋片相连,基部与第 4 腋片相连(在无第 4 腋片的昆虫中,则与后背翅突相连),外端与臀脉(A)的基部支接。第 3 腋片前缘中部有一前伸的突起,突起的外面与内中片紧接,外中片连接在它的外缘。

(4)第 4 腋片 它是钩形小骨片,内半部宽而隆起,外半部细且骨化较强,有韧带与第 3 腋片连接。

(5)中片 中片位于翅基的中部,为两块骨化程度较弱的骨片,里面的称内中

片,外面的称外中片。两中片间有一斜缝,称基褶。翅折叠时,两中片沿基褶折叠;翅展开时,两中片平展。前翅的内中片为三角形,位于第 2 腋片与外中片之间,与第 2 腋片间隔有 1 条窄缝,后面与第 3 腋片接合。外中片接近三角形,内与内中片连接,外与中脉(M)及肘脉(Cu)基部支撑。

翅基部的关节骨片在翅的折叠中有重大作用,大致过程是:着生在第 3 腋片上的腋肌收缩使第 3 腋片外端突出的部分向上翘起,牵动基褶使腋区沿基褶向上拱;同时使翅以第 2 腋片与侧翅突顶接处为支点向后旋转,臀区折向翅下,翅向后覆盖在背上。翅的展开则是由着生在前上侧片里面的前上侧肌收缩,拉动前上侧片完成。

2.观察蜻蜓、蜉蝣翅基部的关节骨片

由于蜻蜓和蜉蝣的腋片愈合为一整块,不能折动,因而翅不能折叠在背上。

(三)脉序及其变化的观察

脉序(venation)是翅脉在翅面上的分布型式。脉序在不同类群的昆虫中变化很大,呈现出多种类型,但在同一类群中却又基本一致。所以,脉序是昆虫分类及追溯昆虫演化关系的重要依据。为了研究和交流上的需要,昆虫学家们将多样化的脉序归纳成一种基本的型式,给各条翅脉以统一的名称。这是根据现代昆虫与化石昆虫脉序的比较,以及翅发生过程中翅芽内气管的分布情况推断出来的,故称为假想式脉序(图 1-23)。

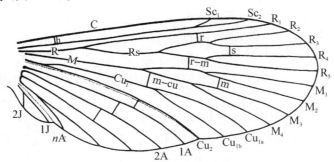

图 1-23　假想模式脉序图(仿 Ross)

(1)昆虫脉序与假想脉序　在现代昆虫中只有毛翅目昆虫(图 1-24)的脉序与较通用的假想脉序相似。观察石蛾(毛翅目)的前翅玻片标本,对照、辨认各条纵脉及横脉,并与假想脉序对照,牢记各脉名称及相互位置。

(2)脉序的变化　现代昆虫除毛翅目外,脉序都发生了不同程度的变化。这些变化主要包括翅脉的增加和减少两个方面(图 1-24)。

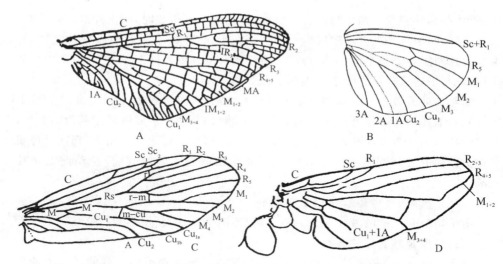

图 1-24　脉序的各种变化示例（仿管致和、彩万志等不同作者）
A. 蜉蝣目 *Chirotonetesalbomanicatus* 的前翅；B. 鳞翅目蛾类后翅模式脉序；
C. 毛翅目 *Rhyacophila fuscula* 的前翅；D. 双翅目 *Muscadomestica* 的前翅

①翅脉的增加　翅脉的增加主要分为两类，一类是原有纵脉出现分支，这种分支称为副脉（accessory veins）。观察脉翅目的草蛉或蝎蛉的翅脉，其 R 脉出现很多分支，并在外缘分叉。另一类是在两条纵脉间加插一些较细的纵脉，称为加插脉或闰脉（intercalary veins）。观察蜉蝣的翅脉，在 R_3 与 R_{4+5} 之间加插 1 条纵脉 IR_3。观察蜻蜓在 R_2 和 R_3 后面的加插脉 IR_2 和 IR_3 及蝗虫前翅中室里的中闰脉等。

②翅脉的减少　翅脉的减少主要分为翅脉的合并与消失两类。如蝶、蛾后翅的 Sc 与 R_1 合并为一条脉，称为 $Sc+R_1$；Rs 不分支；M 的中干消失；M 只分 3 支等。

膜翅目与双翅目昆虫的翅脉都有不同程度的合并与消失。小蜂的前后翅都只有 1 条翅脉。缨翅目（蓟马）昆虫至多只有 2 条长的纵脉。

(四)观察翅的类型

在各类昆虫中，由于功能不同，翅的质地、大小、形状、被物等也有所不同。而同种昆虫的前后翅也可以完全不同。以玻片及针插展翅标本为例，观察翅的类型。

(1)观察蝗虫的前后翅　前翅狭长，质地较厚呈革质，但仍有明显的翅脉，主要用来覆盖和保护后翅,故称为覆翅(tegmen);后翅很大,膜质,可褶叠如扇,藏于前翅下面,用于飞行。

(2)观察金龟子的前后翅　前翅特别硬化,呈角质,且无翅脉,用以保护后翅和腹部,称为鞘翅(elytron);后翅为膜质,褶藏于前翅下面。

(3)观察蝽的前翅　其基半部较骨化,端半部仍为膜质,称为半鞘翅(hemielytron)。

(4)观察蜜蜂的前后翅　质地透明如膜,称膜翅(membranous wing)。

(5)观察石蛾的前后翅　虽也呈膜质,但翅面上有很多细毛,故称毛翅(piliferous wing)。

(6)观察天蛾或其他鳞翅目昆虫的翅　翅面上被有鳞片,称鳞翅(lepidotic wing)。

(五)观察翅的连锁器

以前翅为飞行器官的昆虫,常有连锁装置将前后翅连在一起,使后翅与前翅协同动作,以增强飞行的效能(图1-25)。

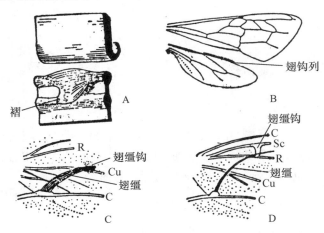

图 1-25　**翅的连锁器**(A 仿 Eidmann;B~D 仿 Imms)

A.前翅的卷褶和后翅的短褶;B.蜜蜂的翅钩列;

C.鳞翅目雌虫的翅缰;D.鳞翅目雄虫的翅缰

(1)观察蝉的连锁器　其前翅后缘有一向下的卷褶;后翅前缘有一段短而向上的卷褶。起飞时,前翅向前平展即与后翅由卷褶钩连在一起。当前翅向后收并往背上覆盖时,两卷褶自动脱开。试模仿其展翅与收翅的动作。

(2)观察蜜蜂的前后翅　前翅后缘有一向下的卷褶;后翅前缘有一列向上弯的

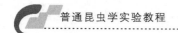

小钩,称翅钩列(hamuli)。小钩挂在前翅的卷褶上将翅连锁在一起。

（3）观察天蛾（或粘虫）的连锁器　注意其翅上的翅缰(frenulum)和翅缰钩(frenulum hook)。翅缰是从后翅前缘基部发出的一根或几根硬鬃;翅缰钩是由位于前翅下部翅脉上的一丛毛或鳞片所形成的钩。翅缰就穿插在翅缰钩内形成连锁器。观察雄蛾与雌蛾翅缰的数目、粗细、长短及翅缰钩位置的差异。

作业与思考题

①绘制石蛾前翅脉序图,注明各脉的名称。

②比较各类胸足和翅型的主要特化部分及其主要功能,思考其在昆虫分类上的意义。

实验五　昆虫腹部的基本构造及附肢

【目的】

了解昆虫腹部的一般构造及其附肢。

【材料】

蝗虫、蝉、蜻、蚜虫、蜉蝣、蜻蜓、蟋蟀、金龟子、青蜂、螳螂、螽斯、泥蜂成虫以及粘虫幼虫和叶蜂幼虫的液浸标本;原尾虫、跳虫、虱、蚤的玻片标本;白蚁蚁后、石蛃（或衣鱼）、蜉蝣稚虫和泥蛉（或鱼蛉)幼虫的示范标本。

【用具】

双筒镜及常用解剖用具。

【内容与方法】

一、昆虫腹部一般构造的观察

昆虫腹部构造与胸部的主要区别是腹部只有背板和腹板:腹部有发达的节间膜和侧膜（观察蝗虫的背板、腹板、侧膜及节间膜,仔细观察白蚁蚁后特别膨大的腹部,辨认其背板与腹板);腹部的形状和节数在不同类群中变化很大。

1.腹部形状的观察

腹部一般呈长圆筒形,如蝗虫、蟋蟀和螽斯,但也有平扁形,如蜉、虱;立扁形,如蚤;长杆状,如蜻蜓;基部细长有柄,如泥蜂;卵圆形,如蚜虫等。观察上述昆虫腹部的形状。

2.腹部节数的观察

腹部一般为9~11节,最多的为12节,最少的6节,有的昆虫可见节在4~5节或以下(如青蜂)。同种昆虫雌雄个体间的可见节数也常不同。观察原尾虫的腹部为12节(注意端部几节很小);跳虫腹部在6节以下;金龟子腹部腹板可见5节;泥蜂等膜翅目细腰亚目昆虫的腹部第1节并入胸部形成并胸腹节(propodeum)。详细观察蝗虫腹部的节数,从背板可见几节,从腹板可见几节,以及雌雄个体间的差异。

3.观察昆虫的气门

气门(spiracles)是昆虫体节侧面的开口,呼吸时气体由此出入。昆虫腹部气门的数目和位置因不同类群而异。观察蝗虫、蝉和金龟子腹气门的数目及位置。

4.腹听器及发音器的观察

昆虫的听器主要为鼓膜听器(tympanal organ)。观察蝗虫位于腹部第1节两侧的1对听器。观察蝉的听器及发音器:蝉类的雌、雄性个体腹部第1节都高度特化形成听器。雄蝉腹部腹面有两块盾形板(即音盖)从后足基部后方伸出,直达第2腹节的后端(有些种类可伸到第3、第4腹板),掀开音盖,可见到听膜。雌蝉听器的结构与雄蝉基本相同,只是音盖较短而窄,掀开音盖,可见两块狭长的听膜。雄蝉除了听器外,在听器的侧背面还形成发音器。

二、昆虫腹部附肢的观察

(一)观察无翅亚纲昆虫腹部的附肢

它们的生殖前节上具有一些附肢。

(1)原尾虫　观察原尾虫示范玻片标本,其腹部第1~3节各有1对附肢。

(2)跳虫　观察跳虫示范玻片标本,其腹部第1节的1对黏管式腹管(ventral tube),第3节的1对握弹器(tenaculum)和第4或第5节的弹器(furcula)均为腹部附肢(图1-26)。

(3)石蛃或衣鱼　其第2~9腹节上各有1对附肢,每1对附肢包括1块位于侧腹面的肢基片(coxopodite)及着生在肢基片端部外侧可活动的针突(stylus)和其内侧的1~2个可以伸缩的泡(vesicle)。

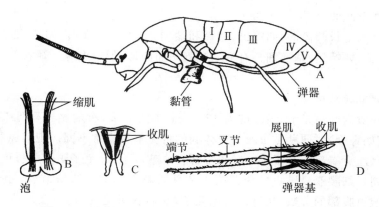

图 1-26　跳虫 Tomocerus vulgaris 腹部附肢（仿 Snodgrass）

A. 虫体侧面观,弹器折于腹面;B. 黏管;C. 握弹器;D. 弹器

(二)观察有翅亚纲昆虫腹部的附肢

成虫在生殖前节无附肢,但若干类群的幼期在生殖前节则有发达的附肢(图1-27)。

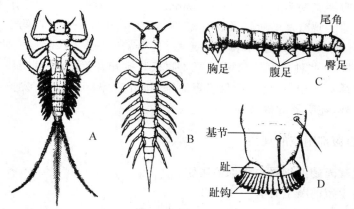

图 1-27　有翅亚纲昆虫幼期腹部附肢(仿各作者))

A. 蜉蝣稚虫;B. 泥蛉幼虫;C. 鳞翅目幼虫;D. 趾钩

　　(1)蜉蝣稚虫　观察蜉蝣稚虫的示范标本,其第1～7腹节两侧具附肢特化而来的气管鳃,着生在背板与腹板间的骨片上。

　　(2)泥蛉(或鱼蛉)幼虫　其腹部具有7～8对气管鳃,也是腹部附肢的特化。气管鳃是水生昆虫的呼吸器官。

(3)鳞翅目幼虫　以粘虫或家蚕幼虫为例,观察鳞翅目幼虫的腹足(prolegs)。其腹部的第3~6节和第10节各有1对腹足,第10节的腹足又称为臀足(anal legs)。腹足的端部具趾(planta),在趾的末端有成排的小钩,称趾钩(crochets)。趾钩的排列方式是鉴别鳞翅目幼虫的常用特征。

(4)膜翅目幼虫　观察叶蜂等膜翅目昆虫幼虫的腹足,其腹部第2~8(或7)节和第10腹节上各有1对腹足。腹足末端具趾,但无趾钩。这些是与鳞翅目幼虫区别的重要特征。

(三)观察尾须

尾须(cerci)是腹部第11节的附肢。部分无翅亚纲与有翅亚纲昆虫具有尾须,但其形状变化很大。

(1)观察蝗虫　其尾须短小,呈刺状,不分节,着生在第11腹节转化成的肛上板与肛侧板之间的膜上。

(2)观察石蛃(或衣鱼)和蜉蝣　其尾须细长,呈丝状,分很多节。注意尾须间的1根细长多节的中尾丝不是附肢,它是第11节背板特化而成的丝状构造。

(3)观察螠螋　其尾须硬化呈铗状,可用以御敌和帮助折叠后翅等。

(4)观察蜻蜓　其尾须不分节,长圆锥形。

(四)观察昆虫生殖肢

昆虫的外生殖器(genitalia)是由腹部的相关附肢演化而来,包括雌性的产卵器(ovipositor)和雄性的交配器(copulatory organ)。

具有真正产卵器的昆虫,因习性不同,其产卵器可以特化成各种形状。蝗虫的产卵器短而坚硬,末端尖,合拢时呈短锥状,适于在土中产卵;蝉、叶蝉和飞虱的产卵器似长矛状或剑状,适于划破植物组织并在其中产卵。但昆虫产卵器的基本结构都相似:通常由3对称为产卵瓣(valvulae)的构造组成,位于第8腹节上的是第1产卵瓣(即腹瓣),第9腹节上的是第2产卵瓣(即内瓣),在第2产卵瓣的基部背面延伸出一瓣状的外长物称第3产卵瓣(即背瓣)。雄性外生殖器的构造比较复杂,在各类昆虫中变化很大,是分类的重要鉴别特征。但其基本构造又较为简单,由阳茎(phallus)、抱握器(harpagones)及一些附属构造组成。

取雌性蝗虫1头,先观察腹部末端坚硬的产卵器,其构造特点是背瓣与腹瓣发达,内瓣很小,从外面看不见。用镊子掀开背瓣可见到里面的1对小突起,即内瓣。两腹瓣中间伸出的一指状突起,为导卵器(egg-guide);导卵器基部有一小孔,即产卵孔,卵由此产出,经导卵器导入土中(图1-28)。

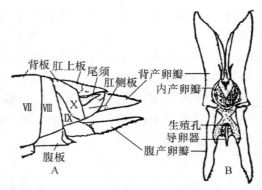

图 1-28　稻蝗 *Oxya chinensis* 的产卵器（仿管致和等）

A.腹部末端诸节的侧面观；B.腹部末端后面
观，背瓣和腹瓣已撑开，示内瓣和导卵器

直翅目昆虫的雄性外生殖器只有阳茎及其衍生的构造，没有抱握器。其他直翅类昆虫（如蜚蠊目、螳螂目等）也是如此。取雄性蝗虫 1 头，观察其腹部末端呈船

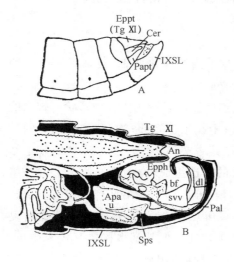

**图 1-29　蝗虫 *Locusta* sp. 雄性
腹部末端**（仿 Albrecht）

A.右侧面观；B.纵切面（说明见正文）

形的下生殖板（IXSL），它是由第 9 腹节的腹板形成。下生殖板里面的隔膜（pallium）形成生殖腔的底，生殖腔的膜质背壁由第 10 腹节的腹板形成，外生殖器就在这个生殖腔内。腔的上面是肛上板（Eppt）及两侧的尾须（Cer）。蝗虫的雄性外生殖器包括阳茎端（dl）、1 对内阳茎片（u）、阳茎内突（Apa）、阳茎基背片（Epph）和阳茎侧腹叶（svv）等部分。阳茎端是 1 条呈弯钩状的管子，外面由膜包被着，用镊子拔出来可以看到它由 1 对背阳茎瓣和 1 对腹阳茎瓣组成，中央是精液排出的通道。阳茎端的基部，有骨化的阳茎侧腹叶。在侧腹叶基部有膜质的基褶（bf），在基褶上着生有 1 块大骨片，称阳茎基背片，上面有几对钩状突起。阳茎内突和内阳茎片缩入体内（图 1-29）。

作业与思考题

①绘制粘虫或家蚕幼虫的侧面观图,示体节、气门和足的位置。
②思考昆虫腹部与胸部在构造上的差异,及与其相适应的功能。
③如何区分鳞翅目幼虫与膜翅目叶蜂的幼虫?

第二章　昆虫的内部解剖与生理

昆虫内部器官的位置及消化系统

【目的】

了解昆虫内部器官的位置,练习解剖方法;了解昆虫消化系统的构造;观察不同食性昆虫消化道的变异。

【材料】

蝗虫液浸标本;蝗虫、家蚕幼虫(或其他鳞翅目幼虫)腹部横切玻片;蛾类、叶蝉和瓢虫消化道示范标本。

【用具】

双筒镜、解剖用具和显微镜。

【内容与方法】

一、观察昆虫内部器官的位置及消化系统构造

(一)内部器官位置

以蝗虫为例,观察其各内部器官的位置。取蝗虫 1 头,先剪掉翅、足,然后按下述方法进行解剖:用解剖剪从腹部末端肛门处开始沿背中线(偏左)向前剪至头部(注意剪刀尖部略向上,以免损伤内脏),再沿腹中线的旁边剪开,然后将左半边体壁轻轻取下。将剩下的蝗虫体躯放入蜡盘,头向左侧用大头针沿剪开处斜插体壁固定,使虫体体壁张开,注入清水浸没虫体进行观察(图 2-1)。

1. 体壁

昆虫体躯的外面包被有一层含几丁质的躯壳,即体壁(tegument)。

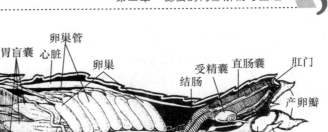

图 2-1　蝗虫体躯纵剖面图（仿 Matheson）

2.肌肉系统

肌肉（muscular system）系统主要附着于体壁内脊、内脏器官表面、附肢和翅的关节处,牵引肌肉使昆虫表现出各种行为。注意观察具翅胸节内连接背板与腹板的背腹肌及悬骨间着生的背纵肌。

3.消化道和马氏管

由口腔直到肛门纵贯体腔中央的一条长管即消化道（alimentary canal）。消化道的后半部即中后肠分界处着生很多游离在体腔内的细丝状盲管即马氏管（Malpighian tubes）,是昆虫主要的排泄器官。

4.背血管

背血管（dorsal vessel）是消化道上方一条前端开口的细管,紧贴背面体壁,为昆虫的循环器官,用镊子轻轻除去体壁上的肌肉即可见到。

5.生殖系统

生殖系统（reproductive system）位于消化道中肠和后肠的背侧面,以生殖孔开口于体外,主要由 1 对雌性卵巢与侧输卵管或 1 对雄性睾丸与输精管,以及后肠腹面的中输卵管或射精管和相关腺体构成。

6.腹神经索

腹神经索（ventral nerve cord）是消化道腹面的一条白色细带,其前端绕向消化道背部与头壳内的脑相连,共同组成昆虫的中枢神经系统。

7.呼吸器官

在消化道两侧、背面和腹面的内脏器官之间,分布着担负呼吸作用的气管系统。其中,气门气管通过气门开口于体躯两侧与外界进行气体交换,再通过支气管网以及伸入各器官和组织中的微气管进行呼吸代谢。这些粗细分支的银白色气管系统,即昆虫的呼吸器官(respiratory organ)。

(二)观察蝗虫消化系统的基本构造

将蝗虫肌肉系统、生殖系统等除去,可见纵贯体腔中央粗大的管形消化道及唾腺。仔细区分消化系统各个部分(图 2-2)。

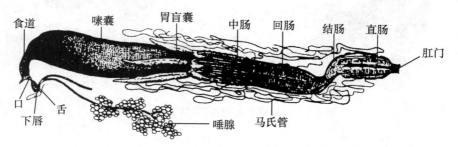

图 2-2 蝗虫 *Dissosteira carolina* 的消化系统

1. 前肠

前肠(foregut)从前到后分为如下 5 个部分。

(1)口　前肠最前端部分。

(2)咽喉(pharynx)　位于口之后,额神经节后方,在咀嚼式口器中仅是食物的通道,蝗虫的咽喉不明显。

(3)食道(oesophagus)　食道位于咽喉之后,为一细长管状物,是食物的通道。

(4)嗉囊(crop)　食道后端的膨大部分为嗉囊,是暂时存储食物的场所。

(5)前胃(proventriculus)　前胃位于前肠的后端,外包强大的肌肉层,内有 6条肌褶。

2. 中肠

中肠(midgut)为管状,前端紧接前胃,后端于马氏管着生处与后肠分界。观察蝗虫中肠肠壁前端生出的 6 个分为前后两叶的胃盲囊(gastric caeca),其主要功能是分泌部分消化液和吸收营养。

3. 后肠

后肠(hindgut)分为回肠(ileum)、结肠(colon)和直肠(rectum)3 部分,前端与中肠的交界处着生有马氏管。

(1)回肠　回肠位于后肠前端,前粗后细,外部有 12 条纵行肌肉,内部以幽门与中肠分界。

(2)结肠　结肠是位于回肠与直肠之间的较细部分,即 S 形后肠转折部分,结肠外有 6 条纵行肌肉。

（3）直肠　直肠是结肠后较膨大部分，中部较粗，外部也有 6 条纵行肌肉，末端开口处即肛门。

4.唾腺

唾腺（salivary gland）是开口于口腔的多细胞腺体，主要功能为湿润口器、溶解食物和分泌消化酶。自蝗虫胸部第二气门处仔细除去体壁、肌肉，可见葡萄状唾腺。

二、观察解剖标本

观察解剖好的蛾类、叶蝉（或其他同翅目昆虫）及瓢虫消化道示范标本，注意比较其因食性、取食方式不同而发生的变化。

作业与思考题

①掌握昆虫内部器官系统的全貌，并注意节肢动物与脊椎动物的区别。
②绘制蝗虫消化系统外形图，并注明各部分的中、英文名称。
③思考昆虫消化道结构与其食性的关系。

实验七　　昆虫的神经系统

【目的】

了解昆虫神经系统的一般构造。

【材料】

蝗虫的液浸标本。

【用具】

双筒镜和解剖用具。

【内容与方法】

取蝗虫 1 头，自腹部末端沿背中线剪至前胸前缘，由剪口分开体壁，固定在蜡盘中，注入清水。将生殖器官和消化道的嗉囊至肛门一段除去，观察腹神经索和神经节(图 2-3):注意胸部和腹部神经节(ganglion)的数目,神经索是否成对及其分支情况,观察同节神经节间的神经连锁(ganglionic commissure)。

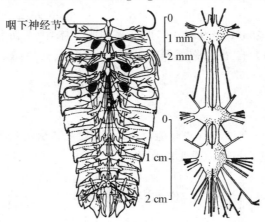

图 2-3 蝗虫腹神经索和胸神经节的放大

再从蝗虫头部的侧面(或正面)进行解剖,沿复眼边缘仔细剪掉体壁,小心去除一边的上颚及头壳,用解剖针及镊子剔除肌肉(注意勿损坏脑),露出消化道背面的脑(brain),注意观察(图 2-4)。

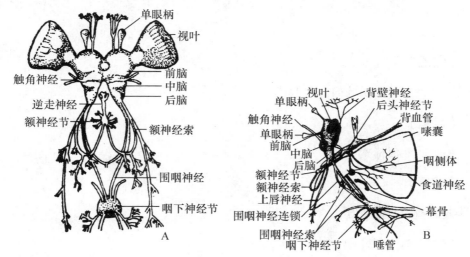

图 2-4 蝗虫头部神经系统(仿 Snodgrass)

A.正面观;B.侧面观

1. 前脑

前脑(protocerebrum)在脑的最前端,占脑的一半以上,略呈 1 对小球状,由此分出的单眼神经与单眼相连,称单眼柄。

2. 视叶

视叶(opticlobes)为半球形,位于前脑的两侧,与前脑相连,是昆虫的视觉中心。

3. 中脑

中脑(deutocerebrum)位于前脑的后方,小于前脑,为 1 对膨大的中脑叶,向侧前方分出 1 对触角神经。

4. 后脑

后脑(tritocerebrum)位于中脑后部,分为左右两叶,通常不发达,向侧下方分出若干对神经,其中主要的是围咽神经连锁。这是后脑为第一体节神经节转向消化道背面的解剖学证据。另外,后脑亦分出神经至额神经节。

将幕骨前臂剪去,可观察到如下结构:

5. 咽下神经节

咽下神经节(suboesophageal ganglion)位于头壳内咽喉的下方,与后脑之间以围咽神经索相连,并分出 3 对分别达到上颚、下颚和下唇的神经。

6. 额神经节

额神经节(frontal ganglion)位于脑前、咽喉背面,由这个神经节可以确定头部额的位置。仔细剪除额区体壁,观察额神经节。由额神经节沿消化道背中线向后,自脑和消化道之间穿过,到达后头神经节的一支神经是逆走神经。

作业与思考题

①绘制蝗虫中枢神经系统线条图,并注明各部分的中、英文名称。
②思考昆虫神经系统从解剖上可分为哪几部分? 各部分又是由什么组成的?

实验八　昆虫的呼吸系统和生殖系统

【目的】

了解昆虫呼吸系统的一般构造;了解昆虫气管系统标本的制作方法;了解昆虫生殖系统的基本构造。

【材料】

蝗虫、家蚕幼虫的液浸标本。

【用具】

双筒镜、解剖用具、小烧杯、酒精灯及 5％～10％ KOH 溶液。

【内容与方法】

一、气管系统标本的制备及观察

取家蚕幼虫 1 头,自背面剪开一条纵向裂口,放入盛有 5％～10％ KOH 溶液的烧杯中加热,煮沸后用微火维持温度到体内大部分内脏溶解为止。取出虫体用自来水冲洗到只剩下透明的表皮及完整的气管系统。将标本放入盛有清水的培养皿中观察(图 2-5)。其特点如下:

①每个气门(spiracle)内有一丛气管。气门与气管丛之间有一段很短的气管称气门气管(spiracular trachea)。

②同一侧的每个气门气管之间由一条纵向的气管前后连接起来,这就是侧纵干(lateral tracheal trunk)。

③每一气管丛有许多分支:伸向背面的为背气管(dorsal trachea),伸向中央的为内脏气管(visceral trachea)。注意观察两侧的腹气管(ventral trachea),在腹面中央横向连接在一起形成腹气管连锁(ventral tracheal commissure)。

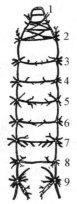

图 2-5 家蚕气管系统

④观察气管内壁的螺旋丝(图 2-6)。气管内膜以局部加厚的方式形成螺旋状的内脊,称螺旋丝(taenidium)。螺旋丝可以增强气管的强度和弹性,使气管始终保持扩张的状态,有利于气体交换。侧纵干上两个气门之间均能找到一小段没有螺旋丝的部分,呈灰白色,这就是侧纵干前后连通的地方。腹气管连锁上也有相同的部位。

另将家蚕幼虫气管的一段放在载玻片上,在镜下用镊子夹其一端,试拉出螺旋丝。

外表皮
螺旋丝
内表皮
管壁细胞

图 2-6 气管的构造(仿 Weber)

二、气门的构造及开闭机构的观察

1. 内闭式气门的观察

取家蚕 1 头,镜下观察腹部一个气门的构造(图 2-7)。气门外有一圈黑色、硬化的骨片,称围气门片(peritreme)。气门中央稍凹陷,密生黄棕色细毛的部分为筛状的过滤机构(filter apparatus)。剪开气门周围体壁,反转气门,在双筒镜下用解剖剪将气管丛小心剪下,可见气门腔、闭弓(closing bow)、闭带(closing valve)和闭杆等开闭机构(closing apparatus)。用针拨动闭杆,可见气门的开闭动作。

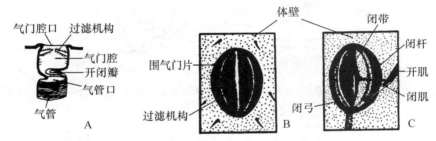

图 2-7　昆虫的内闭式气门结构(A 仿 Snodgrass;B,C 仿管致和)
A. 具内闭式机构的气门;B. 家蚕幼虫气门外面观;
C. 家蚕幼虫气门内面观

2. 外闭式气门的观察

取蝗虫 1 头,观察胸部气门(图 2-8):由外面可见 1 对左右隆起、基部相连的唇形活瓣;活瓣基部的骨片称垂叶。沿气门一侧剪开体壁,翻转过来观察内壁,可见垂叶下着生闭肌。闭肌收缩牵动垂叶,可使唇形活瓣相向移动关闭气门。

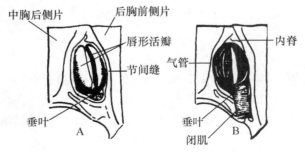

图 2-8　蝗虫后胸气门的结构(外闭式)(仿 Snodgrass)
A. 外面观,示唇状外闭式机构;B. 里面观,示垂叶和闭肌

三、蝗虫生殖系统的解剖与观察

1. 雌虫

取雌蝗虫 1 头进行解剖。剪去翅、足,从腹部末端沿背中线剪开,分开体壁固定于蜡盘中,注入清水,观察生殖器官的位置。剪断后肠中部,将消化道抽出,仔细观察生殖系统构造(图 2-9)。其结构特点如下:

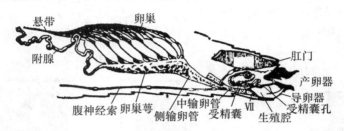

图 2-9　蝗虫 *Dissosteira carolina* 雌性生殖系统侧面观(仿 Snodgrass)

①卵巢是成对的,每个卵巢由若干条卵巢管(ovarioles)组成,观察卵巢管数目。

②每条卵巢管可分为端丝(terminal filament)、卵巢管本部及卵管柄(ovariole stalk)3 部分。每条卵巢管的端丝汇合成一条悬带(ligament),将卵巢附着于体壁上。

③每个卵巢与一条侧输卵管(lateral oviduct)相连。所有卵管柄共同着生的一小段称卵巢萼(calyx)。注意观察卵巢萼端部特化的附腺。

④两条侧输卵管汇合成一条中输卵管(common oviduct),中输卵管后端开口于生殖腔(vagina)。

⑤在生殖腔背面连有一条细长的管子,端部膨大,盘成一团,称受精囊(spermatheca)。

2. 雄虫

取雄蝗虫 1 头,同样进行解剖并观察(图 2-10)。观察要点:

①观察睾丸是否成对,识别睾丸管(follicles)。

②每一睾丸由一条很细的输精管(vas deferens)连通到射精管(ejaculatory duct)基部。

③在输精管与射精管连接处有一条贮精囊(seminal vesicle),和许多条附腺盘结在一起。

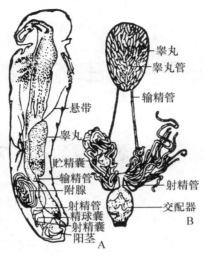

图 2-10　蝗虫雄性生殖系统
A. 侧面；B. 背面

作业与思考题

①观察家蚕幼虫气门构造，掌握其开闭原理。
②绘制蝗虫生殖系统线条图(雄或雌)，并注明各部分的中、英文名称。
③比较雌、雄生殖系统各部分组成、来源及相互对应关系。

第三章 昆虫的生物学

实验九 昆虫的变态与各虫态的类型及某些生物学特性

【目的】

了解昆虫变态的类型;卵的主要性状;幼虫的主要类型,学习东亚飞蝗若虫龄期的识别方法;蛹的基本构造及类型;茧的几种常见类型;了解昆虫的拟态、保护色、警戒色、多型现象与雌雄识别特征。

【材料】

蝗虫、蟪、蜻蜓、蓟马、凤蝶、金龟子、芫青和东亚飞蝗的生活史标本;蜚蠊、螳螂、蝗虫、蟪、瓢虫、草蛉、玉米螟、粘虫、小地老虎、天幕毛虫和舞毒蛾的卵或卵块标本;沟叩头虫、金龟子、黄粉甲、天牛、步甲虫、草蛉、粘虫、尺蠖、叶蜂、牛虻、摇蚊和家蝇等幼虫的液浸标本;寄生蜂低龄幼虫的示范标本;粘虫(♀,♂)蛹的液浸标本;草蛉、家蚕、刺蛾和茧蜂的茧标本;红裳夜蛾、负蝗、枯叶蝶、竹节虫、胡蜂及模拟蜂类的蝇、虻和甲虫标本;蜜蜂和白蚁的多型性标本。

【用具】

双筒镜、培养皿、镊子、解剖针等。

【内容与方法】

一、观察昆虫的变态类型

昆虫在胚后发育中,从幼期到成虫期要经过一系列的变化,称为变态(metamorphosis),有翅亚纲昆虫的变态主要有以下 3 类。

1. 原变态（prometamorphosis）

从幼期转变到成虫期要经过一个亚成虫（subimago）期。亚成虫在外形上与成虫一样，从亚成虫蜕皮变为成虫，可以看成是成虫期的一次蜕皮。观察蜉蝣的生活史标本，注意亚成虫及其所脱的皮。

2. 不完全变态（incomplete metamorphosis）

不完全变态昆虫只有卵、幼期和成虫 3 个虫态。根据其生活习性的不同和形态上的一些变化又可分为 3 类。

（1）渐变态类（paurometamorphosis）　渐变态类昆虫具有卵（egg）、若虫（nymph）和成虫（adult）3 个时期。若虫与成虫的体型及生活习性基本相似，主要区别在于体躯的大小、翅和性器官的发育程度不同。若虫从卵中孵化出来后是经多次蜕皮逐渐变为成虫的。观察蝗虫、飞虱和蝽的生活史标本，注意它们的主要区别及为害作物的虫态。

（2）半变态类（hemimetabola）　半变态类昆虫具有卵、稚虫（naiad）和成虫 3 个时期，为蜻蜓目、襀翅目昆虫所具有。由于它们的幼期营水生生活，故其体型、呼吸器官及行动器官等均有不同的特化，与成虫差异较大。观察蜻蜓的生活史标本，辨识它们之间的一些主要区别。

（3）过渐变态（hyperpaurometamorphosis）　过渐变态是渐变态的特化类型，幼虫在转变为成虫前，有一个不食不动类似蛹期的时期。同翅目的粉虱科、雄性介壳虫及缨翅目（蓟马）昆虫属于这类变态。

3. 全变态（complete metamorphosis）

全变态类昆虫有卵、幼虫（larva）、蛹（pupa）和成虫 4 个虫态。观察金龟子、凤蝶等的生活史标本，注意幼虫与成虫在外形及生活习性等方面的巨大差别及其危害作物的虫态。

有些全变态类昆虫，其各龄幼虫之间的生活方式截然不同，因此在形态上也相应地发生了很大变化。较一般全变态类昆虫而言，这种在发育过程中出现显著复杂变化的变态类型，另称为复变态（hypermetamorphosis）。观察芫菁的生活史标本：幼虫共 6 龄，第 1 龄称三爪幼虫，体型较细长，胸足发达，善于爬行，前口式，能搜寻寄主。一经找到寄主，如蝗卵，就进入蝗虫卵囊取食，蜕皮成为行动缓慢、体壁柔软、胸足不发达、不善于爬行、下口式的蛴螬型幼虫（第 2～4 龄）。然后离开食料，深入土中，转变为胸足更退化，不食不动的伪蛹型幼虫或伪蛹（第 5龄），通常以此虫态越冬。翌年蜕皮又变为蛴螬型幼虫（第 6 龄），找寻适宜场所化蛹。

此外,在无翅亚纲昆虫中还有两类变态类型:

①增节变态(anamorpllosis)。它是类似多足纲的一种原始变态类型:初孵幼虫腹部只有 9 节,以后在第 8、9 节间增加 3 节,共为 12 节,如原尾目昆虫的变态。

②表变态(epimorphosis)。这是无翅亚纲中除原尾目以外各目的变态方式:幼虫和成虫的外形相似,体节数相同,只是虫体大小和性器官的成熟度有区别,而且到成虫期后,还要继续蜕皮。这也是由它们的节肢动物祖先遗留下来的原始特征。

二、观察昆虫卵的类型

1. 卵的性状

卵的形态变化很大,可以根据下列主要性状进行观察。

(1)形态学上的性状　如形状、大小、颜色、卵壳上的刻纹及软硬程度等。

(2)生物学上的性状　如产卵时是散产还是成块产;产卵的位置是在动植物表面还是组织内,在土表还是土中;卵的排列及卵的保护方式等。

2. 卵的性状各论

仔细观察卵的示范标本,辨别其性状差异(图 3-1)。

①蝗虫的卵为长卵形,产于土中,包在由雌虫分泌的腺液所黏成的卵囊内,一个卵囊可含十几粒卵。

②金龟子的卵近球形,表面光滑,散产于土中。

③蜚蠊也有卵囊,但不产在土中;螳螂的卵囊附着在树枝上,这些囊壁质地坚硬,特称卵鞘。

④天幕毛虫将卵产在树枝上,数十粒卵紧密排列成环,形似手工缝衣时用的"顶针"。

⑤多数蝽类的卵为桶形,整齐地排列在植物表面。

⑥菜粉蝶的卵呈瓶状,上有脊纹,散产于寄主植物的叶片上。

⑦玉米螟的卵扁平,成块产于植物表面,形似鱼鳞。

⑧夜蛾的卵多为半球形,上有脊纹,散产(如棉铃虫)或成块(如甘蓝夜蛾)产在植物表面。

⑨草蛉的卵呈长卵形,产在 1 条细丝的顶端,常见于猎物多的植物表面。

⑩飞虱的卵呈香蕉形,成排产于植物组织内。

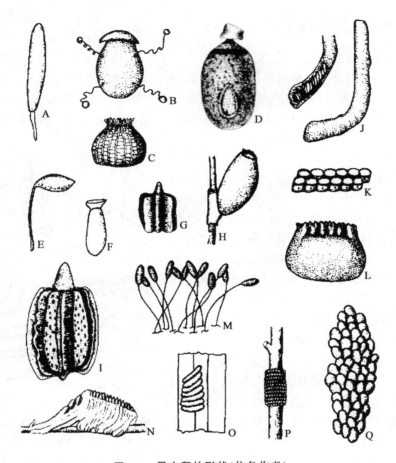

图 3-1　昆虫卵的形状（仿各作者）

A. 高粱瘿蚊 *Contarinia sorghicola*；　　B. 蜉蝣 *Ephemerella rotunda*；

C. 鼎点金刚钻 *Earias cupreoviridis*；　　D. 一种蜡目昆虫；

E. 一种小蜂 *Bruchophagus funebris*；　　F. 米象 *Sitophilus oryzae*；

G. 木叶蝶 *Phyllium ciccifolium*；　　　H. 头虱 *Pediculus humanus capitis*；

I. 一种蜡 *Phyllium sicifolium*；　　　　J. 东亚飞蝗 *Locusta migratoria manilensis*；

K. 一种菜蝽 *Eurydema* sp.；　　　　　　L. 美洲蜚蠊 *Periplaneta americana*；

M. 一种草蛉 *Chrysopa* sp.；　　　　　　N. 中华大刀螳 *Tenodera sinensis*；

O. 灰飞虱 *Delphacodes striatella*；　　　P. 天幕毛虫 *Malacosoma neustria*；

Q. 玉米螟 *Ostrinia furnacalis*

三、观察昆虫幼虫的类型及识别龄期

(一)昆虫幼虫类型

幼虫类型的划分主要取决于两个因素。首先是胚胎发育终止的阶段是在原足期、多足期还是寡足期。其次是因适应取食及生活环境而产生的体型、附肢等重大的外部形态上的变化。本实验只涉及全变态类昆虫的幼虫,通常将其分为 4 个类型。

1. 原足型幼虫(protopod larvae)

这类昆虫卵黄含量少,幼虫在胚胎发育早期(原足期)就孵化出来生活在寄主体内或卵内,浸没在营养丰富的介质中发育。它们的胸足和其他附肢只是一些简单的突起,腹部分节或分节不完全,口器发育不全,很像一个发育不完全的胚胎。此类种类型为膜翅目锥尾部 Terebrantia 等一些寄生蜂所特有,观察其示范标本(图 3-2A,B)。

2. 多足型幼虫(potypod larvae)

多足型幼虫除胸部 3 对胸足外,腹部分节明显并具多对附肢,呼吸系统为周气门式,大部分脉翅目、广翅目、鳞翅目、膜翅目叶蜂及长翅目的幼虫属于此种类型。根据腹部构造,可以将其分为两类。

(1)蛃型幼虫(campodeiform larvae) 形似石蛃,体略扁,胸足及腹足较长,如一些脉翅目、广翅目及毛翅目的幼虫(图 3-2C)。

(2)蠋型幼虫(eruciform larvae) 体圆筒形,胸足及腹足较短,如鳞翅目、部分膜翅目、长翅目昆虫(图 3-2D)。

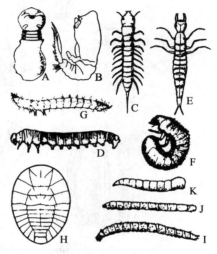

图 3-2 昆虫幼虫类型(仿各作者)

A. 广腹细蜂 *Platygaster* sp. 的幼虫;
B. 环腹蜂 *Synopeas rhanis* 的幼虫;
C. 一种鱼蛉的幼虫; D. 一种叶锋的幼虫; E. 一种龙虱的幼虫;
F. 日本金龟子 *Popillia japonica* 的幼虫; G. 沟线角叩甲 *Pleonomus canaliculatus* 的幼虫; H. 一种扁泥甲的幼虫; I. 一种毛蚊的幼虫;
J. 一种盗虻的幼虫; K. 一种家蝇科昆虫的幼虫

其中蛾、蝶类幼虫具 2~5 对腹足,在第 3~6 和第 10 腹节上或第 6、第 10 腹节上有腹足,末端具趾钩。如出现腹足退化或消失的情况,则从第 3 节开始向后减少,如有些夜蛾的早期幼虫第 3、4 节无足;尺蛾科幼虫的第 3、第 4、第 5 腹节上无足。叶蜂幼虫具 6~8 对或更多的腹足,没有趾钩。若有腹足减少的情况,则从第 8 腹节起

向前减少。长翅目幼虫具有 9 对腹足，在第 1～8 腹节和第 10 腹节上，足端无趾钩。

3. 寡足型幼虫（oligopod larvae）

这类幼虫的特征是具有发达的胸足，没有腹足，常见于鞘翅目、毛翅目和部分脉翅目昆虫的幼虫。其形态变化较大，又可大致分为 4 类。

（1）步甲型幼虫（carabiform larvae）　口器前口式，胸足发达善于爬行，有发达的感觉器官，通常是活跃的捕食者。观察步甲、草蛉及瓢虫的幼虫（图 3-2E）。

（2）蛴螬型幼虫（scarabaeform larvae）　体多肥胖、柔软，常弯曲呈"C"形，胸足较短，行动迟缓，多生活于土中。观察金龟子的幼虫（图 3-2F）。

（3）叩甲型幼虫（elateriform larvae）　体细长，稍扁，胸足较短，不善爬行，多生活于土中等。观察沟金针虫、拟步甲的幼虫（图 3-2G）。

（4）扁型幼虫（platyform larvae）　体扁平，胸足有或退化，如一些扁泥甲科和花甲科的幼虫（图 3-2H）。

4. 无足型幼虫（apodous larvae）

这类幼虫的特点是体躯上无任何附肢。由于它们通常生活在容易获得食料的环境中，所以不仅行动器官退化，而且感觉器官等都不发达。双翅目、膜翅目的细腰亚目、蚤目以及鞘翅目的象甲科、豆象科等幼虫都属于无足型。根据无足型幼虫头部的发达与骨化程度，一般又可分为 3 种类型。

（1）全头无足型幼虫（eucephalous larvae）　头部骨化，全部露出体外，如双翅目中大多数长角亚目，鞘翅目中天牛科、叩甲科、吉丁甲科、膜翅目细腰亚目幼虫及部分潜叶性鳞翅目幼虫和捻翅目昆虫的末龄幼虫等（图 3-2I）。观察摇蚊、天牛、吉丁甲的幼虫（注意天牛幼虫中有些具有很退化的胸足）。

（2）半头无足型幼虫（hemicephalous larvae）　头部有退化现象，仅前端骨化，后半部缩入胸内。如双翅目长角亚目的大蚊科和短角亚目的幼虫等（图 3-2J）。观察牛虻幼虫。

（3）无头无足型幼虫（acephalous larvae）　又称蛆型幼虫，头部十分退化，完全缩入胸内，仅留某些痕迹，如只有口钩外露，如双翅目的环裂亚目（或称芒角亚目）昆虫的幼虫（图 3-2K）。

（二）昆虫龄期识别

昆虫幼期的一个特点是生长伴随着蜕皮。常把两次蜕皮之间的时期称为龄期（stadium），处在一定龄期中的虫态称为虫龄（instar）。人们常用虫龄来表示幼虫的大小。准确辨识幼虫的虫龄对开展害虫预测预报及防治具有十分重要的意义。许多昆虫随着虫龄的增加，其形态上也出现明显的变化，并呈现出一定的规律，这有助于我们从不连续或不完整的蜕皮材料中推断出一种昆虫的实际蜕皮次数。现以东亚飞蝗为例进行观察,辨识其虫龄。

根据前人研究结果,可用触角节数、翅芽、前胸背板上缘(背中线处)和下缘(侧缘)的比例及外生殖器等项指标来识别蝗蝻的虫龄。观察生活史标本,并参考如下材料,识别东亚飞蝗蝗蝻龄期。

1. 触角节数

第1～5龄蝗蝻分别为13～14、18～19、20～21、22～23和24～25节。

2. 前胸背板上缘与下缘的比例

随着虫龄的增加,前胸背板的背面部分逐渐向后延伸,盖在中胸和后胸背面,而前胸背板两侧下缘的变化则很小。因此,上缘(测量中央纵向长度)与下缘长度之比有明显差异。第1～5龄蝗蝻的上下缘比率分别为1.2、1.3、1.6、2.0和2.2。

3. 翅芽的发育程度

第1龄蝗蝻的翅芽很小,肉眼不易看见;第2龄的翅芽较显著,端部圆形,向后斜伸;第3龄的翅芽明显,前翅芽狭长,后翅芽略呈三角形;第4龄的翅芽伸达第2腹节,前翅芽更为狭长,后翅芽为三角形,翅脉清楚,后翅芽上翻盖住前翅芽;第5龄的翅芽很大,伸达第4、5腹节,后翅芽仍盖住前翅芽。

4. 外生殖器

(1)雌虫 第1龄时,第8节腹板中央分裂,两侧各具一扁圆形的叶片,这对叶片将来发育成产卵器的腹瓣;第9腹节腹板上发生1对三角形的构造,向后伸到肛侧板下,这1对是背瓣。第2龄时,第8腹节的腹瓣呈三角形,后缘向前凹入,第9腹节的背瓣增大,内基部各具有一小叶片,这对小叶片就是内瓣。第3龄时,腹瓣扩大,伸过第9腹板的一半;背瓣也扩大,更向后伸;内瓣明显。第4龄时,背瓣扩伸至肛侧板的端部,腹瓣超过背瓣的一半,将内瓣完全盖住,从外部看不见。第5龄时,背瓣与腹瓣都更向后伸展,背瓣超过肛侧板,腹瓣仅比背瓣略短。

(2)雄虫 雄性外生殖器的发育,在外部形态上主要是第9腹节腹板的变化,这节腹板逐渐发展成超过肛侧板的下生殖板。第1龄时,下生殖板略伸出肛侧板基部,后缘狭而内凹,两侧突起。第2龄时,下生殖板显著增大,后缘内凹变浅。第3龄时,下生殖板伸展到肛侧板的后部,其后缘不内凹。第4龄时,下生殖板伸达肛侧板末端,后缘呈圆形。第5龄时,下生殖板超过肛侧板,端部上弯,背面为膜质。

四、观察昆虫蛹的类型

蛹是全变态昆虫由幼虫转变为成虫过程中一个相对静止的虫态。通常分为以下3类。

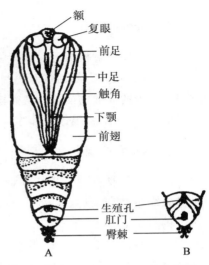

1. 离蛹

离蛹（exarate pupa）又称裸蛹，其特征是附肢和翅不贴在身体上，可以活动，腹部节间也能自由活动，如脉翅目、鞘翅目、膜翅目等昆虫的蛹都是离蛹。观察瓢虫、金龟子等的蛹。

2. 被蛹

被蛹（obtect pupa）这类蛹的触角、足、翅等都紧贴于体上，不能活动，腹部体节部分或全部不能活动，如鳞翅目昆虫的蛹。观察粘虫（或甘蓝夜蛾等）的蛹，辨认其头、胸部各附肢和翅等部分（图 3-3）。注意腹部的分节、后端的生殖孔（雌蛹为双孔——产卵孔和交配孔，雄蛹为单孔）及肛门的着生位置。双翅目蚊类也是被蛹，能借腹部的扭动在水中游泳。

图 3-3　粘虫 *Mythimna separata* 蛹腹面观（A 仿朱弘复等；B 仿陈合明）

A. 雄蛹；B. 雌蛹

3. 围蛹

围蛹（coarctate pupa）是由最后 2 龄幼虫所蜕的皮形成一个桶形的蛹壳，其中包藏着离蛹，为双翅目的蝇类所特有。观察家蝇蛹的液浸标本，桶形蛹壳上仍有明显的分节痕迹，即是幼虫蜕的皮。仔细剥去蛹壳就可见到里面的离蛹。

五、观察各类蛹的保护措施

昆虫的蛹是个不食不动、相对静止的虫态，比较容易受到伤害，所以末龄幼虫在化蛹前往往采取一些特殊的保护措施以躲避敌害，抗御不利气象因子的影响或防止机械损伤等。蛹的保护方式很多，如钻入土中化蛹；把蛹挂在树枝上；结茧化蛹等，而以结茧的方式最为常见。末龄幼虫由丝腺分泌丝织成丝茧，然后在其中化蛹。观察示范的茧类型标本，注意茧的大小、颜色、形状及质地等。

草蛉幼虫由马氏管通过肛门分泌产丝作茧，较为粗糙；而蓖麻蚕和家蚕吐丝织成的茧最为致密和完善；刺蛾的茧由石灰质构成，坚硬，形似雀蛋；茧蜂则在寄主体外结成黄色或白色的小茧。

六、拟态的观察

一种生物通过模拟另一种生物或环境中的其他物体从而获得自我保护的现象称拟态（mimicry）。如某些双翅目昆虫通过"模拟"有螯刺的蜂类，以逃避那些受过螯刺之苦的天敌的捕食。观察模拟蜂类的蝇、虻和甲虫等标本，如一种食蚜蝇很像胡蜂，一种食虫虻很像木蜂等。

七、保护色的观察

一些昆虫具有同它生活环境中的背景相似的颜色，以利于躲避敌害，如在草地上的绿色蚱蜢，栖息在树干上体翅颜色灰暗的夜蛾类昆虫等。这类拟态者的体色被称为保护色（protective color）。观察蚱蜢、负蝗及裳夜蛾类的标本。昆虫的保护色还经常与背景相似的形态联系在一起，如枯叶蝶（*Kalima* spp.）停息时双翅竖立，极似枯叶，甚至具有树叶病斑状的斑点等；竹节虫形似植物枝条。

八、警戒色的观察

某些昆虫的颜色与其生活环境中的背景成鲜明对比，与保护色相反，可以起到使对方注意的效果，称为警戒色（warning color）。某些昆虫既具有保护色又具有警戒色，如天蛾科的蓝目天蛾（*Smerinthus planus*）停息在树干上时，灰暗的前翅覆盖着体躯及后翅，与树皮颜色相似，以保护自己，当受到袭击或威胁时，则突然张开前翅，展现出颜色鲜明而有蓝色眼状斑的后翅，以此惊吓袭击者，逃避敌害。裳夜蛾也有类似现象。观察这两类标本。

同样，有螯刺能力的膜翅目昆虫，其腹部具有交替排列的彩色带，给曾经受到螯刺的捕食天敌提供一种记忆，警告捕食者它是不可侵犯的。观察胡蜂标本。

九、多型现象的观察

多型现象（polymorphism）是指同种昆虫具有两种或更多不同类型个体的现象。多型现象在"社会性"昆虫中特别明显。如蜜蜂，除了能生殖的后蜂（即"蜂王"）和雄蜂外，还有不能生殖的雌性工蜂。观察蜜蜂这3种级别的标本，识别其在大小、形态上（注意其后足基跗节等）上的差异。

白蚁和蚂蚁也有多种类型。在同一窝白蚁中，可以具有包括雌雄在内的 6 种主要类型：3 种能生殖的雌性——大翅型（蚁后）、辅助生殖的短翅型与无翅型；2 种不育型（雌或雄）——工蚁和兵蚁；1 种能生殖的雄蚁。观察白蚁多型性的标本，仔细区分这几种类型。

作业与思考题

①绘制粘虫蛹的腹面观线条图（雌或雄），并注明各部分的名称。
②比较全变态与不全变态类昆虫在虫态、取食及适应环境方面的异同点。
③思考昆虫的拟态、保护色和警戒色的生物学意义。

第四章　昆虫的分类

　　　　　　　　直翅目及一些小目的分类

【目的】

认识和掌握石蛃目、缨尾目、蜉蝣目、蜻蜓目、襀翅目、直翅目、䗛䗛目、螳螂目、革翅目、蜚蠊目、等翅目、纺足目、啮虫目、食毛目、虱目、缨翅目、脉翅目、毛翅目、长翅目和蚤目等目及直翅目常见科的形态鉴别特征;学习使用检索表和编制检索表。

【材料】

石蛃、衣鱼、蜉蝣、蜻蜓、石蝇、蝗虫、蟋蟀、蝼蛄、螽斯、蚤蝼、菱蝗、螳螂、䗛䗛、蠼螋、竹节虫、白蚁、足丝蚁、啮虫、羽虱、虱、蓟马、草蛉、石蛾、蝎蛉和跳蚤等的成虫标本。

【用具】

双管镜、显微镜、镊子、培养皿和解剖针等。

【内容与方法】

简明昆虫纲成虫分目检索表

1. 原生无翅;腹部第 6 节以前常有附肢 ······················· 2

　　有翅或次生无翅;腹部第 6 节以前无附肢 ··················· 3

2. 体背隆起;复眼甚大,在背侧相接触,有单眼;中、后足基节具可动的针突
　　····················· 石蛃目 Archeognatha

　　体背扁平;复眼小而分离,无单眼;各足基节无针突 ······ 缨尾目 Thysanura

29. 后翅为棒翅;跗节 5 节 ································· 双翅目 Diptera

后翅非棒翅,若后翅为棒翅,则跗节仅 1 节;跗节 1～3 节 ············· 30

30. 口器不对称,为锉吸式;翅为缨翅;跗节端部具能伸缩的泡

································· 缨翅目 Thysanoptera

口器刺吸式;翅非缨翅;跗节端部无能伸缩的泡 ············

································· 半翅目 Hemiptera(广义)

中国直翅目常见科检索表

1. 触角线状,一般长于体长,若短于体长,则前足为开掘足;听器位于前足胫

节;跗节 4 节或 3 节(图 4-1)(剑尾亚目或螽亚目 Ensifera) ··········· 2

触角线状、剑状或棒状,短于体长;听器位于腹部第 1 节;跗节 3 节或更少

(锥尾亚目或蝗亚目 Caelifera) ································· 6

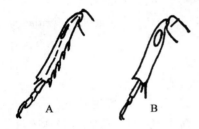

图 4-1 螽斯科(A)和蟋蟀科(B)的前足
    (仿黄可训)

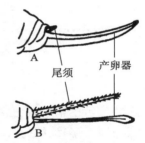

图 4-2 螽斯科(A)和蟋蟀科(B)
    的腹部末端(仿黄可训等)

2. 触角短于体长;前足开掘式;雌虫产卵器不外露(蝼蛄总科 Gryllotalpoidea)

································· 蝼蛄科 Gryllotalpidae

触角长于体长;前足非开掘式;雌虫产卵器发达,刀状、剑状、矛状或针状(图

4-2) ································· 3

3. 跗节 4 节 ································· 4

跗节 3 节(蟋蟀总科 Grylloidea) ················· 蟋蟀科 Gryllidae

4. 前足胫节常具听器,尾须短粗而坚硬(螽斯总科 Tettigonioidea)

································· 螽斯科 Tettigoniidae

前足胫节常缺听器,尾须长而柔软 ························· 5

5. 跗节侧扁,前足胫节缺听器(驼螽总科 Rhaphidophoroidea)

················· 驼螽科(＝灶马科)Phaphidophoridae

跗节扁平,若侧扁则前足胫节具听器(沙螽总科 Stenopelrnatoidea)

$\cdots\cdots\cdots\cdots\cdots\cdots\cdots\cdots$ 蟋螽科 Gryllacrididae

6. 前、中、后足跗节均为 3 节 $\cdots\cdots\cdots\cdots\cdots\cdots\cdots\cdots\cdots\cdots\cdots\cdots$ 7

前、中足跗节最多 2 节,后足跗节 3 节或 1～2 节 $\cdots\cdots\cdots\cdots\cdots$ 8

7. 触角常短于前足股节,若触角较长,则后足第 1 跗节上侧具细齿;腹部第 1 节缺鼓膜听器(蜢总科 Eumastacoidea)

$\cdots\cdots\cdots\cdots\cdots\cdots\cdots\cdots$ 蜢科(＝短角蝗科)Eumastacidae

触角明显长于前足股节;后足第 1 跗节上侧无细齿;腹部第 1 节有鼓膜听器 (蝗总科 Acridoidea) $\cdots\cdots\cdots\cdots\cdots\cdots\cdots$ 蝗科 Acrididae

8. 前胸背板向后延伸,盖住腹部;前足胫节端部正常,不扩大;后足跗节 3 节 (蚱总科 Tetrigoidea) $\cdots\cdots\cdots\cdots\cdots$ 蚱科(＝菱蝗科)Tetrigidae

前胸背板虽向后延伸,但仅覆盖胸部;前足胫节端部扩大,具齿,适于掘土;后足跗节仅 1～2 节或退化(蚤蝼总科 Tridactyloidea)

$\cdots\cdots\cdots\cdots\cdots\cdots\cdots\cdots$ 蚤蝼科 Tridactylidae

作业与思考题

①将实习中采集的上述类群标本鉴定到目、直翅目标本鉴定到科。

②编写缨尾目、蜉蝣目、蜻蜓目、螳螂目、蜚蠊目、等翅目、缨翅目和脉翅目的二项式检索表。

实验十一　　半翅目(广义)昆虫的分类

【目的】

认识和掌握半翅目(广义)形态鉴别特征;认识和掌握半翅目(广义)常见科的形态鉴别特征;学习使用检索表和编制检索表。

【材料】

蝽、土蝽、缘蝽、猎蝽、姬蝽、红蝽、长蝽、花蝽、盲蝽、网蝽、臭虫、鼋蝽、田鳖、蝎蝽、仰泳蝽、蝉、角蝉、叶蝉、飞虱、沫蝉、蜡蝉、蚜虫、木虱、粉虱、介壳虫等的成虫标本。

【用具】

双管镜、显微镜、镊子、培养皿和解剖针等。

【内容与方法】

中国半翅目(广义)常见科检索表

1. 前翅多基半部为角质或革质、端半部为膜质,若前翅质地均一,则头部背面、前胸背板和前翅上具有网状纹;刺吸式口器从头的前下方伸出(异翅亚目 Heteroptera＝狭义半翅目)(图 4-3) ················· 2

前翅质地均一,膜质或革质;刺吸式口器从头的后下方伸 ················· 24

2. 触角比头长或等长,常显露在外面;腹部腹面不被银白色绒毛。陆生 ····· 3

触角多短于头长,通隐藏于复眼下的沟中,由身体背面看不见。若触角比头长,则腹部腹面密被银白色绒毛。水生 ················· 19

3. 触角通常 5 节;小盾片大小不一,但相对发达,至少达于前翅膜片的基部;2 个爪片不互相接触(图 4-4A),或虽互相接触,但不形成完整的爪片接合缝(图 4-4B),小盾片有时甚大,完全覆盖腹部的背面 ················· 4

触角 4 节;小盾片小,包围于 2 个前翅的爪片之中,后者形成完整的爪片接合缝(图 4-4C) ················· 11

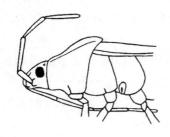

**图 4-3　半翅目异翅亚目头胸部,
　　　　　示口器着生位置**

（仿 Triplehorn 和 Johnson）

图 4-4　半翅目不同爪片结合类型（仿肖采瑜）

A. 左右前翅爪片不相接触(蝽科);B. 爪片接触但不
形成完整的爪片结合缝(异蝽科);C. 爪片接触
形成完整的爪片结合缝(缘蝽科)

4. 小盾片发达,遮盖整个腹部及前翅大部,后部宽于前部呈梯形,后缘平截、与腹端平齐;翅静止时,前翅在膜片的基部处折叠于小盾片下,只露出前缘的基部(图4-5)。小型至中型,多生活于豆科植物上
  ·························龟蝽科(= 平腹蝽、圆蝽)Plataspidae
  小盾片大小不一,但一般后部不宽于前部;前翅较短,不在膜片基部折叠
  ···································· 5

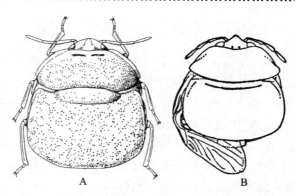

图 4-5　龟蝽科的代表(A 仿郑乐怡,B 仿肖采瑜)
A. 筛豆龟蝽 *Megacopta cribraria* (Fabricius);B. 前翅静止状

5. 胫节具成列的强刺,前足通常适于挖掘;身体黑色或深棕色。小型至中形,常生活于土中 ····················· 土蝽科 Cydnidae(图4-6)
  胫节无成列的强刺,或具小刺,前足不适于挖掘 ················· 6

6. 触角第1节较短,不超过或稍超过头的前端;小盾片发达,超过爪片(不包围于2个前翅的爪片之中) ···························· 7
  触角第1节甚长,远超过头的前端;小盾片相对较小,包围于2个前翅的爪片之中,不超过爪片,亦不形成完整的爪片接合缝 ··············
  ·························· 异蝽科 Urostylidae(图4-7)

7. 中胸腹板中央具高起的纵脊,并向前延伸至前胸腹板
  ·················· 同蝽科(= 腹刺蝽)Acanthosomatidae(图4-8)
  中胸腹板中央无高起的纵脊 ························· 8

8. 小盾片甚为发达,后缘达腹部末端;背面圆隆;多数种类具有艳丽的色斑和金属光泽 ··················· 盾蝽科 Scutelleridae(图4-9)
  无上述综合特征。小盾片后缘不达腹部末端 ·············· 9

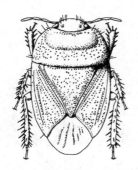

图 4-6 土蝽科:小弗土蝽
Fromundus pygmaeus（**Dallas**）
（仿郑乐怡）

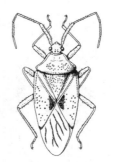

图 4-7 异蝽科:高山娇异蝽
Urostylis montanus **Ren**
（仿郑乐怡）

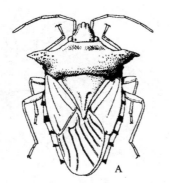

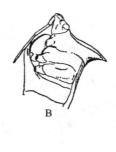

图 4-8 同蝽科代表（A 仿郑乐怡,B 仿肖采瑜）

A. 赤匙同蝽 *Elasmucha rufescens*（Jakovlev）;

B. 同蝽身体前部侧面观,示中胸腹板纵脊

9.头侧缘薄锐,前胸背板宽大,后缘有时向后伸展;腹部第一节被后胸腹板
遮盖较多,将该节气门完全遮盖。体大型
·············· 荔蝽科 Tessaratomidae(图 4-10)
头侧缘非薄锐,前胸背板正常;腹部腹面第一可见腹节,气门不被后胸腹板
所遮盖或至少露出一半。体小型到大型 ················ 10

10.小盾片一般不超过腹部中央;前翅膜片的横脉多或呈网状;触角末端数节
常侧扁;前胸背板多皱纹 ·············· 兜蝽科 Dinidoridae(图 4-11)
无上述综合特征。小盾片多超过腹部中央;前翅膜片的横脉少或无,不呈
网状 ················ 蝽科 Pentatomidae（图 4-12）

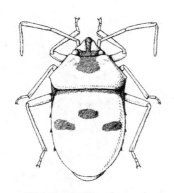

图 4-9 盾蝽科:丽盾蝽 *Chrysocoris grandis* (Thunberg)(仿郑乐怡)

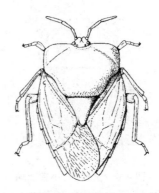

图 4-10 荔蝽科:方肩荔蝽 *Tessaratoma quadrata* Distant(仿郑乐怡)

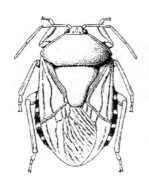

图 4-11 兜蝽科:九香虫 *Aspongopus chinensis* Dallas(仿郑乐怡)

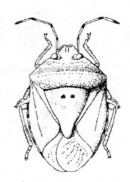

图 4-12 蝽科:小卷蝽 *Paterculus parvus* Hsiao *et* Cheng(仿郑乐怡)

11. 无单眼 ··· 12

　　有单眼 ··· 14

12. 前翅具楔片;若无楔片,则前翅质地均一,头部背面、前胸背板和前翅上具有网状纹 ··· 13

　　前翅无楔片 ······················ 红蝽科 Pyrrhocoridae(图 4-13)

13. 前翅具楔片,膜片多仅具 1~2 个翅室 ········ 盲蝽科 Miridae(图 4-14)

　　前翅不呈上述特点,但前翅质地均一,头部背面、前胸背板和前翅上具有网状纹 ································· 网蝽科 Tingidae(图 4-15)

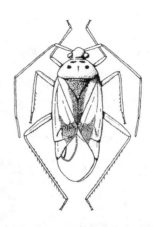

图 4-13　红蝽科:直红蝽 *Pyrrhopeplus carduelis* (Stal)（仿郑乐怡）

图 4-14　盲蝽科:中黑苜蓿盲蝽 *Adelphocoris suturalis* (Jakovlev)（仿郑乐怡）

14.翅退化,前翅全缺或呈小瓣状。寄生于人、蝙蝠及鸟类体外 …………………
　　………………………………… 臭虫科 Cimicidae(图 4-16)
　　翅正常,短翅型个体中的前翅或多或少可以分辨 ……………… 15
15.前翅具楔片 ……………………… 花蝽科 Anthocoridae(图 4-17)
　　前翅无楔片 ……………………………………………………………… 16

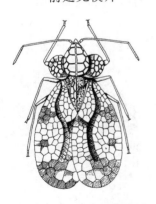

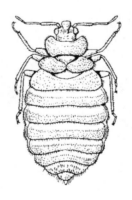

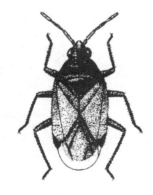

图 4-15　网蝽科:钩樟冠网蝽 *Stephanitis ambigua* Horvath（仿郑乐怡）

图 4-16　臭虫科:温带臭虫 *Cimex lectularius* (Linnaeus)（仿郑乐怡）

图 4-17　花蝽科:微小花蝽 *Orius* (*Heterorius*)*minutus* (L.)（仿彩万志等）

16. 喙基部弯曲,不用时,不贴于头部腹面(图 4-18B) ·············· 17
　　喙基部平直,不用时,贴于头部腹面 ····························· 18
17. 头部后端收缩呈颈状;喙 3 节(图 4-18) ········· 猎蝽科 Reduviidae
　　头部后端不收缩呈颈状;喙 4 节 ································

　　·············· 姬蝽科(＝ 姬猎蝽科、拟猎蝽科)Nabidae(图 4-19)

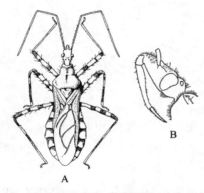

图 4-18　猎蝽科代表(A 仿郑乐怡,B 仿蔡邦华)
A. 环斑猛猎蝽 Sphedanolestes impressicollis Stal 全形;
　　B. 黄刺蝽 Sirthenea flavipes Stal. 喙

图 4-19　姬蝽科:暗色姬蝽
Nabis stenoferus Hsiao
(仿郑乐怡)

18. 前翅膜片翅脉最多具 4～5 条纵脉 ·········· 长蝽科 Lygaeidae(图 4-20)
　　前翅膜片具有 6 条以上的纵脉,并可具一些分支 ················

　　·············· 缘蝽科 Coreidae(图 4-21)

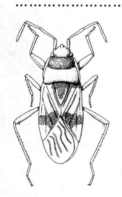

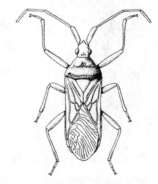

图 4-20　长蝽科:白斑地长蝽 Panaorus
albomaculatus (Scott)(仿郑乐怡)

图 4-21　缘蝽科:云南岗缘蝽 Gonocerus
yunnanensis Hsiao(仿郑乐怡)

19. 触角显露,比头长;腹部腹面不被银白色绒毛。生活于水面上 ┄┄┄┄ 20

　　触角隐藏于复眼下的沟中,短于头长。生活于水中 ┄┄┄┄┄ 21

20. 头狭长,等于或长于胸部;复眼远离前胸背板前缘 ┄┄┄┄┄┄┄

　　┄┄┄┄┄┄┄┄┄┄┄┄┄ 尺蝽科 Hydrometridae(图 4-22)

　　头短于前胸背板与小盾片之和;复眼接近前胸背前缘 ┄┄┄┄┄┄

　　┄┄┄┄┄┄┄┄┄┄ 黾蝽科(＝ 水黾科)Gerridae(图 4-23)

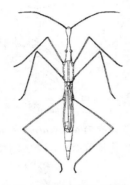

图 4-22　尺蝽科:尺蝽

Hydrometra sp.（仿郑乐怡）

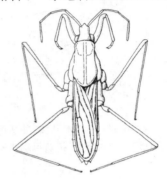

图 4-23　黾蝽科:细角黾蝽 *Gerris*

gracilicornis Horvath（仿郑乐怡）

21. 腹部末端具成对的呼吸管 ┄┄┄┄┄┄┄┄┄┄┄┄┄┄┄┄ 22

　　腹部末端无成对的呼吸管 ┄┄┄┄┄┄┄┄┄┄┄┄┄┄┄┄ 23

22. 体长筒形;呼吸管长短不一,常极长,呈细管状,不能缩入体内;触角 3 节;

　　后足一般不成游泳足 ┄┄┄┄┄┄┄┄┄┄┄┄ 蝎蝽科 Nepidae

　　体卵圆形;呼吸管短,可以缩入体内;触角 4 节;后足游泳足┄┄┄┄┄

　　┄┄┄┄┄┄┄┄┄┄┄┄┄┄┄┄ 负子蝽 Belostomatidae

23. 体背明显隆起呈船底状,游泳时背面向下,腹面向上;头的后缘,不覆盖前

　　胸背板的前缘;前足跗节正常,不呈匙状┄┄┄┄┄┄┄┄┄┄┄┄

　　┄┄┄┄┄┄┄┄ 仰蝽科(＝ 仰泳蝽科)Notonectidae

　　体背隆起不明显,游泳时背面向上,腹面向下;头的后缘覆盖前胸背板的前

　　缘;前足跗节匙状 ┄┄┄┄┄┄┄┄┄┄┄┄┄┄ 划蝽科 Corixidae

24. 喙显然出自前足基节之前;触角短,鬃状或刚毛状(图 4-24A);前翅有明显

　　的爪片;跗节 3 节 ┄┄┄┄┄┄┄┄┄┄┄┄┄┄┄┄┄┄ 25

　　喙显然出自前足基节之间或更后;触角长,线状(图 4-24B)或明显退化呈

　　小突起;前翅一般无明显的爪片;跗节 2 节或 1 节(胸喙亚目

25. 前翅基部无肩板;触角着生在复眼下方(蝉亚目 Cicadomorpha) ········ 26

前翅基部有肩板(图 4-25);触角着生在复眼之间(蜡蝉亚目 Fulgoromorpha) ·· 29

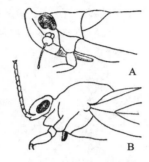

图 4-24 蜡蝉(A)和木虱(B)的头胸
侧面(示喙的位置)(仿黄可训等)

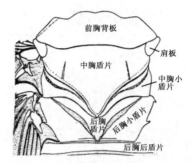

图 4-25 斑衣蜡蝉 Lycorma delicatula
(White)的胸部背面观,示肩板(仿周尧)

26. 单眼 3 个;前足腿节变粗,下方多刺;跗节无中垫;雄性常有发音器,位于腹
部基部 ·· 蝉科 Cicadidae

单眼 2 个或无;前足不如上述,跗节中垫发达;后足能跳跃;没有发音器
·· 27

27. 前胸背板发达,向后延伸盖住小盾片(图 4-26) ······ 角蝉科 Membracidae

前胸背板正常,不向后延伸盖住小盾片 ·········· 28

28. 后足基节短,不向侧面扩张,胫节无成列的刺毛,但有侧刺和端刺
(图 4-27A);触角锥状 ·········· 沫蝉科 Cercopidae

后足基节长,扩展到腹板的侧缘,胫节有纵脊起,生有 2 列以上的刺毛(图
4-27B),触角鬃状 ·········· 叶蝉科 Cicadellidae

图 4-26 角蝉科特征图(仿黄可训等)

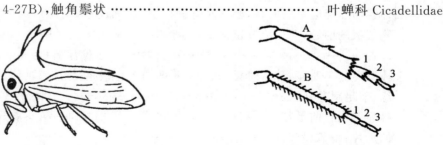

图 4-27 沫蝉(A)和 叶蝉(B)的后足,
示胫节上的刺等(仿黄可训等)

29. 后足胫节端部下外方有一大形能动的距；触角着生在复眼下缘的凹入处
（图 4-28）。小型的种类 ································· 飞虱科 Delphacidae
　　 后足胫节无能动的距 ··· 30

30. 后翅臀区脉纹呈网状，大型的种类（图 4-29）······ 蜡蝉科 Fulgoridae
　　 后翅臀区脉纹不呈网状 ··· 31

图 4-28　飞虱科:灰飞虱
Laodelphax striatella
（**Fallen**）（仿周尧）

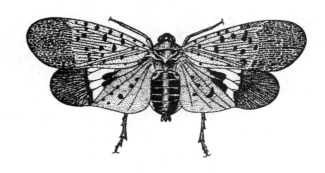

图 4-29　蜡蝉科:斑衣蜡蝉
Lycorma Deliatula（**White**）
（仿周尧）

31. 前翅有明显的翅痣 ·· 32
　　 前翅无翅痣 ··· 33

32. 前翅端部脉纹呈网状；头延长呈喙状；单眼 2 个（图 4-30）········
　　 ·· 象蜡蝉科 Dictyophoridae
　　 前翅端部脉纹不呈网状；头短；单眼 3 个（图 4-31）····· 菱蜡蝉科 Cixiidae

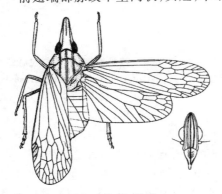

图 4-30　象蜡蝉科:中华象蜡蝉 *Dictyophara*
Sinica Walker（仿周尧）

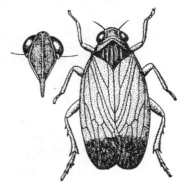

图 4-31　菱蜡蝉科:端斑脊菱蜡蝉
Oliarus apicalis（**Uhler**）（仿周尧）

33. 前翅广阔,前缘区阔,有很多横脉(图 4-32、图 4-33) ·················· 34
    前翅前缘区狭,横脉没有或很少 ························· 35

图 4-32　广翅蜡蝉特征图
(仿杨庆爽等)

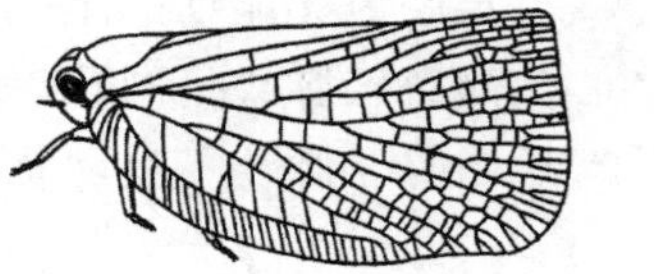

图 4-33　蛾蜡蝉科:碧蛾蜡蝉
Geisha distinctissima
(Walker)(仿周尧)

34. 头短而阔,常比前胸阔;前翅爪片脉纹无颗粒,前缘横脉不分叉(图 4-32)
    ··························· 广翅蜡蝉科 Ricaniidae
    头不太阔;前翅爪片脉上有颗粒,前缘横脉常分叉(图 4-33) ·········
    ····························· 蛾蜡蝉科 Flatidae

35. 前翅极狭长,其长为宽的 3～5 倍,翅脉多呈梳状,各分支略呈平行到达翅
    的外缘(图 4-34) ·········· 袖蜡蝉科(= 长翅蜡蝉科)Derbidae
    前翅不太狭长,爪片上脉纹有颗粒(图 4-35) ··· 粒脉蜡蝉科 Meenoplidae

图 4-34　袖蜡蝉科:红袖蜡蝉
Diostrombus politus Uhler
(仿周尧)

图 4-35　粒脉蜡蝉科:雪白粒脉蜡蝉
Nisia atrovenosa(Lethierry)
(仿周尧)

36. 跗节 2 节,同样发达;两性均有翅 ······················ 37
    跗节 1 节,或 2 节但第 1 节退化至很小;有无翅的个体或世代 ·········· 38

37. 触角 10 节,末节端部具 2 刺;前翅革质,有明显的爪片,主脉为 3 个叉状的
    分支(图 4-36);体和翅上无白色蜡粉 ··············· 木虱科 Psyllidae
    触角 7 节,端部无刺;前翅膜质,没有爪片,主脉简单;体和翅上被有白色

蜡粉（图 4-37）••• 粉虱科 Aleyrodidae

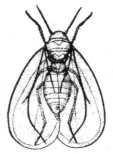

图 4-36　木虱科：梨木虱 Psylla
pyrisuga Foerster（仿周尧）

图 4-37　粉虱科：橘绿粉虱 Dialeurodes
citri（Ashmead）（仿周尧）

38. 触角 3～6 节,有明显的感觉器;翅如有,则 2 对,前翅有翅痣;翅脉有 4 条
以上的分支;腹部常有腹管(图 4-38)•••••••••••••••••••••••••••••••• 39
触角节数不定,没有明显的感觉器;雄虫只有 1 对翅,翅脉只 1 条 2 分支,
没有翅痣,后翅退化成平衡棒;腹部没有腹管;雌虫无翅,足及触角也常退
化(图 4-39)•• 42

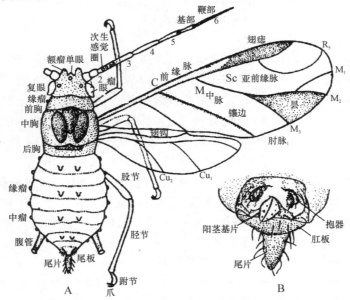

图 4-38　蚜虫形态特征（A 仿张广学,B 仿 Weber）
A. 整体图;B. 雄虫腹部末端(*Aulacortum* sp.)

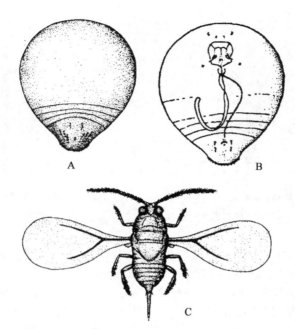

图 4-39　盾蚧科:椰圆盾蚧 Aspidiotus destructor Signoret（仿周尧）
A.雌成虫背面,B.雌成虫腹面;C.雄成虫

39.触角 3～5 节;没有腹管;前翅只有 3 条斜脉。无翅蚜及幼蚜复眼只有 3 小
　眼面;触角 3 节或退化;头部与胸部之和大于腹部;尾片半月形 ········· 40
　触角 6 节(很少 5 节);腹部常有腹管;前翅有 4 条斜脉。无翅蚜复眼具多
　小眼面或 3 小眼面;触角 4～6 节,如果只 3 节,则尾片烧瓶状;头部与胸部
　之和不大于腹部;尾片各种形状 ··································· 41

40.无翅蚜和幼蚜触角上有 2 个感觉圈。有翅蚜触角 5 节;有 3～4 个横带状
　感觉圈;静止时,翅呈屋脊状。生活于针叶树上 ········ 球蚜科 Adelgidae
　无翅蚜和幼蚜触角只有 1 个感觉圈。有翅蚜触角 3 节;有 2 个纵长感觉
　圈;静止时,翅平叠于背面。生活于阔叶树上 ····· 根瘤蚜科 Phylloxeridae

41.腹管长管状;触角上感觉孔圆形 ···················· 蚜科 Aphididae
　腹管环状或缺;触角上感觉孔横带状 ··························
　·················· 瘿绵蚜科(＝ 绵蚜科)Pemphigidae

42.雌虫腹部具有气门;雄性成虫有复眼 ·········· 绵蚧科 Margarodidae
　雌虫腹部没有气门;雄性成虫没有复眼 ························· 43

43.雌虫不被盾状介壳;腹末数节分节明显,肛门周围常有刺毛……………
……………………………………………… 粉蚧科 Pseudoccocidae
雌虫被有盾状介壳;腹末数节愈合成臀板,肛门周围无刺毛…………
……………………………………………… 盾蚧科 Diaspididae

作业与思考题

①将实习中采集的半翅目和同翅目标本鉴定到科。
②编写蝽科、缘蝽科、猎蝽科、盲蝽科、花蝽科、蝉科、叶蝉科、飞虱科、蚜科、粉虱科的二项式检索表。

实验十二　　　鞘翅目和鳞翅目昆虫的分类

【目的】

认识和掌握鞘翅目和鳞翅目及其常见科的形态鉴别特征;学习使用检索表和编制检索表。

【材料】

虎甲、步甲、龙虱、水龟虫、蜣螂、鳃金龟、丽金龟、花金龟、叩甲、吉丁甲、拟步甲、瓢甲、天牛、叶甲和象甲等的成虫标本;弄蝶、粉蝶、凤蝶、眼蝶、蛱蝶、灰蝶、卷蛾、螟蛾、枯叶蛾、天蛾、尺蛾、舟蛾、夜蛾、灯蛾、毒蛾、天蚕蛾、蚕蛾等的成虫标本及部分科的翅透明玻片标本。

【用具】

双管镜、显微镜、镊子、培养皿和解剖针等。

【内容与方法】

中国鞘翅目常见科检索表

1.后足基节固定在后胸腹板上,不能活动,将第一可见腹板完全划分开;具前

胸背侧缝(图 4-40A);后翅有由两条 m-cu 横脉形成的纵室(图 4-41A、B)
(肉食亚目 Adephaga) ·· 2
后足基节不固定在后胸腹板上,能够活动,没有将第一可见腹板完全划分
开;无前胸背侧缝(图 4-40B);后翅无由两条 m-cu 横脉形成的纵室(图
4-41C、D)(多食亚目 Polyphaga) ··· 6

2.触角具毛;后足基节不达鞘翅边缘,故后胸侧板和腹部第一可见腹板相接触
(图 4-40A);第一腹节可见。陆生的种类 ·· 3
触角多光滑,后足基节达鞘翅边缘,将后胸侧板与腹部第一可见腹板分开
(图 4-43A、图 4-44);第一腹节多不可见。水生的种类 ························ 4

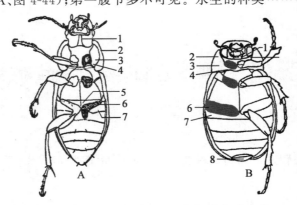

图 4-40　步甲(A)和金龟子(B)腹面(仿杨庆爽等)

1.外咽缝;2.前胸背板;3.前胸前侧片;4.前胸后侧片;5.基前片;
6.后足基节臼;7.第 1 腹节;8.第 8 腹节背板

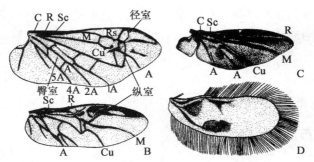

图 4-41　鞘翅目后翅类型(仿杨星科)

A.长扁甲型;B.肉食甲型;C.隐翅甲型;D.藻食甲科

3. 头下口式,比前胸宽;触角着生在上颚基部与复眼之间,两触角间距小于上唇宽;唇基宽达触角基部。美丽有光泽的种类,有后翅,能飞,在地面捕食小虫(图 4-42A) ···················· 虎甲科 Cicindelidae
   头前口式,比胸部狭;触角着生在上颚基部的上方;两触角间距大于上唇宽。体多暗色的种类,无后翅,不能飞(图 4-42B) ·············· 步甲科 Carabidae

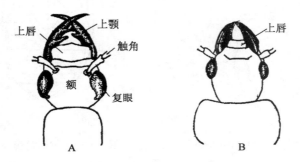

图 4-42　虎甲科和步甲科头部特征(A 仿周尧;B 仿黄可训等)
A. 虎甲;B. 步甲

4. 复眼明显分为上下两部分,看来似有两对复眼(图 4-43B);触角短而粗,第二节有一突起,中后足短扁,桨状。水面生活的种类 ····················
   ···················· 豉甲科 Gyrinidae(图 4-43)
   复眼完整;触角线状;中后足不太短扁。水中生活的种类·············· 5

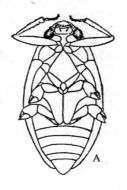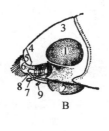

图 4-43　豉甲科特征(A 仿 Borror,B 仿蔡邦华)
A. 豉甲 *Dineutus americanus* (Say) 腹面观;
B. 大豉甲 *D. orientalis* Modeer 头侧;1,2 复眼

5. 后足基节大，呈板状，盖住腿节和腹部的大部分；后胸腹板在基节前有一明显横沟（图 4-44）·················沼梭甲科 Haliplidae

后足基节不太大，不盖住腹部和腿节；后胸腹板在基节前无明显横沟·····

·················龙虱科 Dytiscidae（图 4-45）

图 4-44 沼梭甲科的腹面（仿杨星科）

图 4-45 龙虱科的腹面（仿黄可训等）

6. 头不延伸呈喙状，外咽缝两条（图 4-40B）·················7

头延伸呈喙状，外咽缝愈合或消失（图 4-46）·················38

7. 下颚须几乎等于或长于触角；中胸腹面多具一个纵刺突（图 4-47）·····

·················水龟虫科 Hydrophilidae

下颚须短于触角；中胸腹面无纵刺突·················8

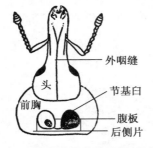

图 4-46 象甲头及前胸腹面,示外咽缝合并等（仿黄可训等）

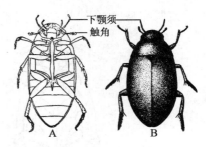

图 4-47 水龟虫科代表（A 仿 Borror；B 仿周尧）

A. *Hydrophilus trangularis* Say. 腹面观；

B. 大水龟甲 *Hydrous acuminatus* Motsch

8. 触角膝状；前足开掘式，胫节有齿或刺；腹部露出 1～2 节或更多·········

·················阎甲科 Histerida

体不如上述·················9

9.鞘翅极短,坚硬,末端平直,腹末常露出几节 ···································· 10

　鞘翅不极短,如短,则末端不平直 ·· 11

10.腹部露出 4 节以上,腹端可向上弯曲;腹部背板均骨化

　·· 隐翅甲科 Staphylinidae

　腹部仅露出 2～3 节,腹部不能向上弯曲;腹部背板基部 3 节膜质 ·········

　·· 埋葬甲科 Silphidae

11.前胸腹板有向后的突起,嵌在中胸腹板上(图 4-48A、图 4-49A) ····· 12

　前胸腹板无向后的突起 ··· 13

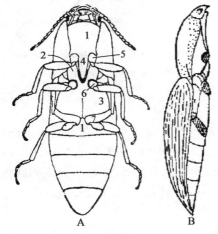

图 4-48　叩甲科特征图

（A 仿周尧,B 仿 Рейхарат）

A.腹面观;B.侧面观　1.前胸腹板;

2.中胸腹板;3.后胸腹板;4.楔形突

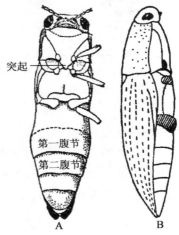

图 4-49　吉丁甲科特征图

（A 仿周尧,B 仿 Рейхарат）

A.腹面观;B.侧面观

12.前胸能活动,腹板突多刺状;后胸腹板无横沟,第 1、2 腹板间缝明显

　(图 4-48) ·· 叩甲科 Elateridae

　前胸固定不能活动,腹板突扁平;后胸腹板具横沟,第 1、2 腹板间缝不明

　显(图 4-49) ··· 吉丁甲科 Buprestidae

13.鞘翅柔软;腹部可见腹板 7～8 节(图 4-51);体狭长,或具发光器(图

　4-50B) ··· 14

　鞘翅较坚硬;腹部可见腹板不超过 6 节 ····························· 16

14.具发光器;头隐于前胸背板下;触角左右相接近,雌虫多缺翅

　··· 萤科 Lampyridae（图 4-50)

无发光器;头不隐于前胸背板下;触角左右远离或接近 ························ 15

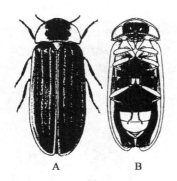

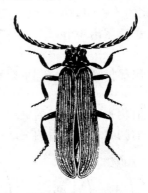

图 4-50　萤科:萤 *Atyphella lychnus*（仿 Nanninga）
A. 背视;B. 腹视

图 4-51　红萤科:红萤 *Metriorrhynchus rhipidius*（仿 Nanninga）

15. 触角左右接近;中足基节左右离开;前胸背板三角形,多有由发达的凹洼
和隆脊形成的网络,后胸腹板后缘较直 ········· 红萤科 Lycidae（图 4-51）
触角左右远离;中足基节左右接近;前胸背板多方形,少数半圆或椭圆形,
后胸腹板侧缘明显后弯 ····················· 花萤科 Cantharidae（图 4-52）

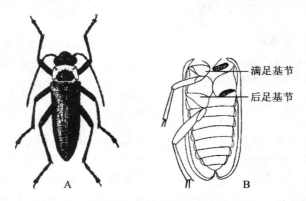

满足基节
后足基节

图 4-52　花萤科代表及特征图（A 仿杨星科,B 仿黄可训等）
A. 黑斑黄背花萤 *Themus imperialis*（Gorham）全形;B. 胸腹部腹面

16. 触角鳃叶状 ··· 17
触角非鳃叶状 ··· 23

17. 触角叶状部不能合并在一起,呈短梳齿状,雄虫上颚大而突出如鹿角状
　　　　　　　　　　　　　　　　　　　　　　　锹甲科 Lucanidae
　　触角叶状部能活动,扁平而能合并成实心锤,上颚正常　　　　　　18

18. 后足着生在身体的后方,其距离接近于身体末端而远于中足;腹部气门完
　　全被鞘翅所覆盖,触角的鳃片部有毛。粪食性种类　　　　　　　　19
　　后足着生在身体的中间,其距离接近于中足而远于腹部末端;至少有一对
　　腹部气门露出在鞘翅外;触角的鳃片部光滑或少毛。多为植食性的种类
　　　　　　　　　　　　　　　　　　　　　　　　　　　　　　　20

19. 后足胫节有 1 端距;小盾片通常不见;中足左右远离　　　　　　　
　　　　　　　　　　　　　　　　　　金龟科(=蜣螂科)Scarabaeidae
　　后足胫节有 2 端距;小盾片发达;中足左右较接近　　　　　　　　
　　　　　　　　　　　　　　　　　粪金龟科(=粪蜣科)Geotrupidae

20. 上颚从背面可以看见,略阔,呈刀片状;前足基节横阔;具高度的雌雄二型
　　性,雄性头和前胸上常有发达的角状突起　　　　　　　　　　　　
　　　　　　　　　　　　　　　　　犀金龟科(=独角仙科)Dynastidae
　　上颚从背面看不见,也不阔;前足基节圆锥形;无高度的雌雄二型性 … 21

21. 前胸背板后角与鞘翅的基部间宽阔,其侧缘露出中胸侧板,鞘翅基部侧缘
　　内凹,露出后胸侧板;中胸腹板有向前伸出的圆突　　　　　　　　
　　　　　　　　　　　　　　　　　　　　　　　花金龟科 Cetoniidae
　　中、后胸侧板均不露出;无中胸腹板突　　　　　　　　　　　　22

22. 足的 2 爪不相等(图 4-53B),体常有金属光泽 ……… 丽金龟科 Rutelidae
　　足的 2 爪相等,至少后足如此,体色常较暗　　鳃金龟科 Melolonthiidae

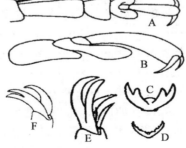

图 4-53　鞘翅目足的跗节和爪的类型(A~B 仿 Borror,F 仿于洪春,余仿杨庆爽等)
A~B. 跗节的类型:A. 跗节隐 5 节(天牛),B. 跗节隐 4 节(瓢甲);C~E. 爪的类型:C. 齿状(瓢甲),
D. 栉状(拟步甲科的朽木甲),E. 分裂状(芫青),F. 不对称状(丽金龟)

23. 鞘翅具瘤突、枝刺（图 4-54A）或前胸及鞘翅具敞边（图 4-54B）；跗节为
　　4-4-4；触角基部靠近 ······················· 铁甲科 Hispidae
　　体不如上述 ··· 24

24. 跗节 5 节，第 4 节极小，为隐 5 节（图 4-53A） ················· 25
　　跗节非隐 5 节 ··· 26

25. 触角着生在额突上，一般多接近或超过体长（也有很短而不及体长之半
　　的）；复眼内缘凹陷呈肾形或分成 2 部分（图 4-55） ················
　　····························· 天牛科 Cerambycidae
　　触角不着生在额突上，短于体长之半；复眼卵圆形 ················
　　····························· 叶甲科 Chrysomelidae

图 4-54　铁甲科（A 仿周尧，B 仿杨星科）
A. 稻铁甲虫 *Dicladispa armigera*（Olivier）；
B. 甘薯台龟甲 *Taiwania circumdata*（Herbst）

图 4-55　天牛科成虫头部特征图
（仿周尧）

26. 跗节 5-5-4 ··· 27
　　跗节非 5-5-4 ··· 28

27. 爪分裂（图 4-53E）；鞘翅完整或变短，两翅末端多分离 ············
　　····························· 芜青科 Meloidae
　　爪不分裂；鞘翅末端不分离 ············· 拟步甲科 Tenebrionidae

28. 跗节隐 4 节（图 4-53B） ··· 29
　　跗节非隐 4 节 ··· 30

29. 体圆形隆起；头嵌入在前胸的凹入内；爪基部宽大或具齿（图 4-53C）；触角
　　短，不呈显著的锤状；多数种类腹部第 1 腹板中部前缘伸向后足基节间，形
　　成弯曲的后基线（图 4-56） ················· 瓢甲科 Coccinellidae
　　体背面明显隆起；头不明显嵌入在前胸凹入内；爪简单；触角长，呈显著的
　　锤状；腹部第 1 腹板无后基线 ············· 伪瓢甲科 Endomychidae

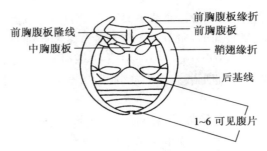

图 4-56　瓢甲科腹面观(仿夏松云等)

喙发达,长;触角末端的锤小或不显著,或没有;胫节无齿列 ·················· 40

39.头比前胸阔;复眼圆形;跗节第 1 节和各节之和一样长。体狭长形,两侧
平行 ······························ 长小蠹科 Platypodidae
头比前胸狭,复眼卵形或有刻入或分开;跗节第 1 节比第 2 节短。体短···
·································· 小蠹科 Scolytidae

40.喙长而直,长约与前胸等长;触角丝状,非膝状 ····· 三锥象科 Brenthidae
喙虽发达,但长短不等;触角膝状 ···················· 41

41.触角第 1 节长于 2～4 节之和,棒状部 1 节或 4 节 ········
····························· 象甲科 Curculionidae
触角第 1 节短于 2～4 节之和,棒状部 3 节 ·············· 42

42.触角端部 3 节呈松散棒状;前胸明显窄于鞘翅,端部收狭;鞘翅短宽,两侧
平行 ·························· 卷象科 Attelabidae
触角球状部 3 节愈合或紧密相连;前胸不如上述;鞘翅常呈圆盖状········
····················· 梨象科(＝梨形象科)Apionidae

中国鳞翅目常见科检索表

1.前后翅脉序相似,具翅轭(图 4-57B) ·············· 蝙蝠蛾科 Hepialidae
前后翅脉序不同,后翅翅脉减少,Sc 与 R_1 合并,Rs 不分支;多为翅缰或翅
抱型连锁(图 4-57,图 4-58 至图 4-61A、D、E) ··················· 2

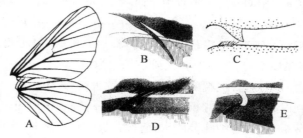

图 4-57 鳞翅目翅的连锁器(A 仿彩万志,其余仿各作者)
A.翅抱型;B.翅轭型;C.翅扣型;D、E.翅缰型

2.触角棒状,末端膨大呈棒状或钩状;后翅无翅缰;无单眼。蝶类 ·········· 3
触角丝状、栉齿状或纺锤状,但末端多不膨大;如末端膨大,则后翅具翅缰;
单眼有或缺。蛾类 ································ 12

3.触角末端的膨大部呈钩状或其端部具小钩,触角基节左右远离;前翅 R 分

为 5 支;皆直接由中室分出(图 4-58) ·············· 弄蝶科 Hesperiidae
触角末端的膨大部分一般浑圆,不弯成钩状,触角基节左右相靠近;前翅 R
分为 3～5 支,不全部由中室分出,且 1 或多支共柄 ························· 4

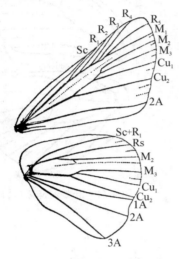

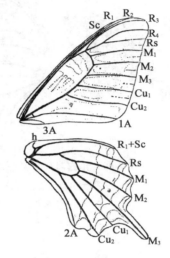

图 4-58　弄蝶科脉序(仿周尧)　　　　图 4-59　凤蝶科脉序(仿周尧)

4. 前翅臀脉有 2 条(2A 和 3A);后翅臀脉只有 1 条(2A),内缘多凹入或较直,
   静止时不包住腹部(图 4-59、图 4-60B);前足具前胫突(图 4-62A) ······· 5
   前翅臀脉只有 1 条;后翅臀脉有 2 条,内缘多凸出,静止时包住腹部(图
   4-61);前足无前胫突(图 4-62B～J) ····································· 6

5. 前翅 R 分为 5 支,中室下与 A 脉间具 1 条小横脉相连,后翅外缘多呈波状,
   或有 1 尾突(图 4-59) ····································· 凤蝶科 Papilionidae
   前翅 R 分为 4 支,中室下无横脉与 A 相连,后翅外缘不呈波状也无尾突(图
   4-60) ··· 绢蝶科 Parnassidae

6. 雄前足常短小,如有爪,则爪上无齿也不分裂(图 4-62D～J) ··········· 7
   雄前足正常,爪 2 分裂或爪上有齿(图 4-62B) ························
   ··· 粉蝶科 Pieridae(图 4-61)

7. 常仅雄前足短小、雌前足正常,爪发达(图 4-62D、E);复眼在触角基部凹陷
   或至少复眼与触角窝边缘相接;小型蝶类 ···························· 8
   雌、雄前足均退化,无爪(图 4-62F～J);复眼与触角窝边缘不接触 ······· 9

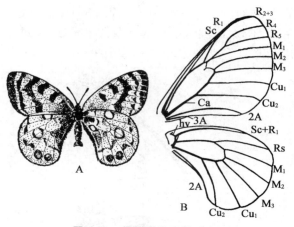

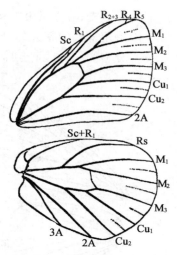

图 4-60　绢蝶科代表及脉序
（A 仿武春生，B 仿 Borror）
A. 全形；B. 脉序

图 4-61　粉蝶科脉序（仿周尧）

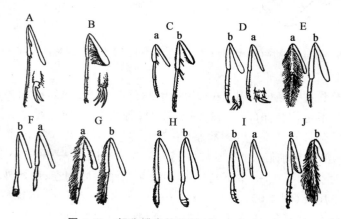

图 4-62　部分蝶类的前足（仿 Bingham）

A. 凤蝶科；B. 粉蝶科；C. 弄蝶科；D. 灰蝶科；E. 砚蝶科；F. 斑蝶科；G. 眼蝶科；
H. 蛱蝶科；I. 珍蝶科；J. 喙蝶科，a=♂；b=♀

8. 后翅翅基前缘不加厚，无肩横脉，常有尾突（图 4-63）·············

················· 灰蝶科 Lycaenidae（图 4-63）

后翅翅基前缘加厚，有肩横脉，常无尾突（图 4-64B）·············

················· 蚬蝶科 Riodinidae（图 4-64）

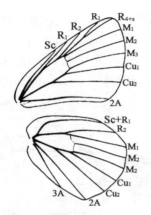

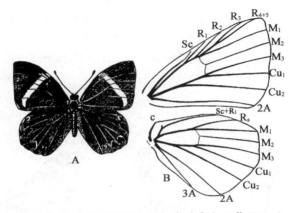

图 4-63 灰蝶科脉序（仿 Borror）

图 4-64 蚬蝶科代表及脉序（A 仿武春生，B 仿 Borror）

A. 白带褐砚蝶 *Abisara fylloides*（Moore）全形；B. 脉序

9. 前翅基部有 1～3 条脉特别膨大，至少后翅反面具 2 个眼状斑（图 4-65）
   ·· 眼蝶科 Satyridae

   前翅基部无特别膨大的脉 ······································· 10

10. 前翅 A 脉 2 条，但第 2 条很短，后翅中室由一发达的脉封闭（图 4-68B）
    ··· 11

   后翅中室开放或由很细的脉所封闭（图 4-66）········ 蛱蝶科 Nymphalidae

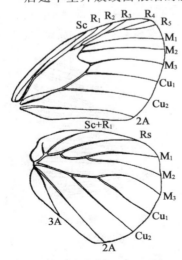

图 4-65 眼蝶科脉序（仿周尧）

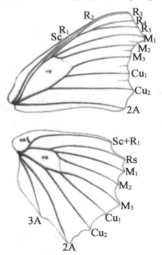

图 4-66 蛱蝶科脉序（仿周尧）

11. 翅色多暗淡,前翅比后翅短,后翅有眼斑;后翅臀区有一大型摇篮状的凹入,可放入腹部;复眼有毛 ·············· 环蝶科 Amathusiidae(图 4-67)
　　翅色多鲜艳,前翅比后翅长,无眼斑;后翅臀区无大型凹入;复眼无毛·······
　　·························· 斑蝶科 Danaidae(图 4-68)

图 4-67　环蝶科:赭环蝶
Stichophthalma sparta
Niceville(仿武春生)

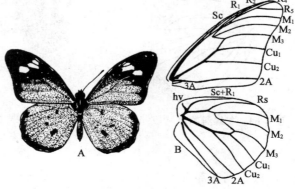

图 4-68　斑蝶科代表及脉序(A 仿武春生,B 仿 Borror)
A. 金斑蝶 *Danaus chrysippus*(L.)全形;B. 脉序

12. 前后翅均分裂成几片(图 4-69、图 4-70) ················· 13
　　前后翅不分裂成几片 ······························ 14
13. 前翅分成 2~4 片,后翅分成 3 片(图 4-69) ····· 羽蛾科 Pterophoridae
　　前、后翅各分成 6 片(图 4-70)············· 翼蛾科(=多羽蛾科)Alucitidae

图 4-69　羽蛾科:鸟羽蛾 *Stenoptilia*
zophodactyla **Duponchel**
(仿 Silvestri)

图 4-70　翼蛾科的翅
(仿武春生)

14. 后翅不狭长,后缘毛不长于后翅宽。中、大型蛾类 ······················· 15

　　后翅多狭长而尖,后缘有长毛,常超过后翅宽度。多为小蛾类,若体中型、

　　后翅较宽、缘毛短则喙基部有鳞片或额上具竖鳞 ····················· 36

15. 翅大部分透明,只边缘及翅脉上有鳞片;体形像蜂;腹末有一特殊的扇状鳞

　　簇 ··· 透翅蛾科 Sesiidae

　　体不如上述,翅面全部或大部有鳞片 ······························· 16

16. 前后翅中室内具中脉的主干(图 4-71) ··························· 17

　　前后翅中脉的主干在中室内退化,少数种类若前翅中室内具 M 主干则前

　　翅具 1 尾突、触角双栉状 ··· 19

17. 前翅常有副室(即有些 R 分支在其分支点外再次愈合形成的翅室)

　　(图 4-71) ································· 木蠹蛾科 Cossidae

　　前翅无副室(图 4-72) ······································· 18

图 4-71　木蠹蛾科脉序(仿蔡邦华)　　　图 4-72　斑蛾科脉序(仿周尧)

18. 后翅 Sc＋R_1 与 Rs 从基部分开或沿中室基半部有短距离愈合;前翅 R_3、

　　R_4 和 R_5 共柄或愈合(图 4-73);无毛隆 ·············· 刺蛾科 Limacodidae

　　后翅 Sc＋R_1 与 Rs 愈合至中室中部或近端部;前翅 R_5 独立(图 4-72);有

　　毛隆(图 4-74) ································· 斑蛾科 Zygaenidae

19. 后翅 Sc＋R_1 与 Rs 在中室外靠近或部分愈合(图 4-75) ·············

　　··· 螟蛾科 Pyralidae

　　后翅 Sc＋R_1 与 Rs 在中室外分离 ····························· 20

20. 前翅各条径脉均单独从中室生出,不相合并;前翅肩区突出,使翅略呈方形

　　(4-76C) ··· 21

　　翅不如上述 ··· 22

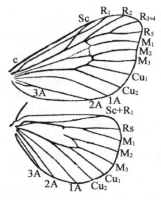

图 4-73　刺蛾科脉序（仿周尧）

图 4-74　鳞翅目头部的毛隆（仿 Jordan）
1.触角；2.毛束；3.毛隆；4.复眼

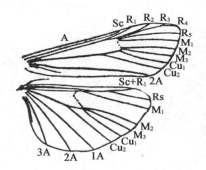

图 4-75　螟蛾科脉序（仿蔡帮华）

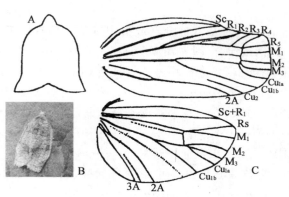

图 4-76　蛀卷蛾科脉序（B 来自网络资源，余仿周尧）
A.静止状前面观；B.静止状背面观；C.脉序

21. 后翅无 M_1 和（或）M_2，Rs 单独伸出（图 4-77）；无毛隆。幼虫蛀入果中
    ·························· 蛀果蛾科 Carposinidae（图 4-77）
    后翅有 M_1 和 M_2，Rs 和 M_1 的基部愈合或接近（图 4-76C）；有毛隆；有些
    种类静止时呈钟罩状（图 4-76B） ······ 卷蛾科 Tortricidae（图 4-76）

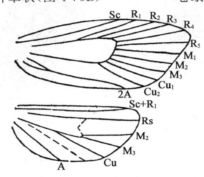

图 4-77　蛀果蛾科特征图（仿古德祥）

22. 体纺锤形；翅狭长，三角形，前翅比后翅大很多；触角向端部膨大，末端尖而
    常呈钩状 ···················· 天蛾科 Sphingidae
    体不如上述 ···················· 23

23. 前翅 R_5 远离 $R_{2\sim4}$，与 M_1 共柄 ······ 24
    前翅 R_5 不与 M_1 共柄 ··········· 25

24. 前翅中室内 M 主干分叉；具 1 尾突；触角双栉状 ···· 凤蛾科 Epicopeiidae
    前翅中室内无 M 主干；常具 1～2 个尾突；触角非双栉状 ···········
    ···················· 燕蛾科 Uraniidae

25. 翅阔且后翅肩区常扩大；无鼓膜听器；后翅 Sc+R_1 从基部分出后多不再
    与 Rs 接近（图 4-80），否则肩区具肩脉、静止时呈枯叶状（图 4-78）····· 26
    翅多不阔，若翅阔，则后翅肩区不扩大；后胸具鼓膜听器；后翅 Sc+R_1 在
    中室基部与 Rs 有一段距离的接近或接触 ············· 29

26. 后翅前缘基部（肩区）极度扩大，上有 2 条或多条肩脉（图 4-78），静止时形
    似枯叶状 ·················· 枯叶蛾科 Lasiocampidae
    后翅前缘基部不极度扩大，也无肩脉；静止时不呈枯叶状 ········· 27

27. 翅具许多箩筐条纹或波状纹（图 4-79）；喙发达 ·············
    ············· 水腊蛾科（＝箩纹蛾科）Brahmaeidae
    翅不如上述；喙退化 ·················· 28

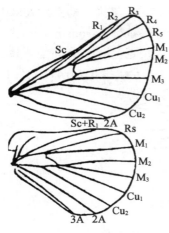

图 4-78　枯叶蛾脉序

（仿浙江农大）

图 4-79　水腊蛾科：枯球水腊蛾

Brahmophthalma wallichii

（**Gray**）（仿武春生）

28. 体大型或极大型；后翅臀角有时延伸呈飘带状；中室区具透明眼斑；后翅臀
　　脉 1～2 条（图 4-80）…………………… 大蚕蛾科（＝天蚕蛾科）Saturniidae
　　体中型；后翅无明显尾突，中室区无透明眼斑；后翅臀脉 3 条（图 4-81）
　　……………………………………………………………… 蚕蛾科 Bombycidae

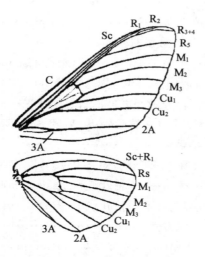

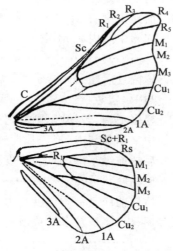

图 4-80　大蚕蛾科脉序（仿周尧）

图 4-81　蚕蛾科脉序（仿古德祥）

29. 体多纤细,前后翅常较阔,静止时常平放;后翅 Sc＋R₁ 基部弯曲(图 4-82);鼓膜听器位于腹部第一节两侧 …… 尺蛾科 Geometridae (图 4-82)

体粗壮,前后翅不阔大,静止时呈屋脊状;后翅 Sc＋R₁ 基部弯曲或不弯曲 (图 4-83);鼓膜听器位于后胸 ……………………………………… 30

30. 前翅 M₂ 从中室中部或以前伸出,看起来 Cu 脉分 3 叉(图 4-83) ………

………………………… 舟蛾科(＝天社蛾科)Notodontidae (图 4-83)

前翅 M₂ 从中室中部以后伸出,看起来 Cu 脉分 4 叉(图 4-84B) ……… 31

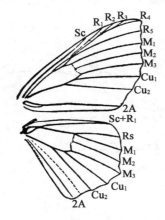

图 4-82 尺蛾科脉序(仿古德祥)

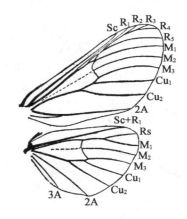

图 4-83 舟蛾科脉序 (仿古德祥)

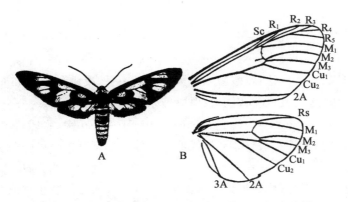

图 4-84 鹿蛾科代表及脉序 (A 仿武春生,B 仿古德祥)

A. 中华鹿蛾 *Amata sinensis* Rothschild 全形;B. 脉序

31. 后翅很小，翅面常缺鳞片，腹部常具斑点或带；后翅缺 Sc＋R$_1$ 脉（图 4-84
  B）·················· 鹿蛾科 Ctenuchidae（图 4-84）
  体不如上述；后翅具 Sc＋R$_1$ 脉 ····································· 32

32. 触角端部膨大，末端成一弯曲的钩 ················ 虎蛾科 Agaristidae
  触角端部不膨大 ·· 33

33. 后翅 Sc＋R$_1$ 及 Rs 愈合至中室中央或中央以外（图 4-85）·········· 34
  后翅 Sc＋R$_1$ 及 Rs 仅在中室基部愈合或接近（图 4-86）·········· 35

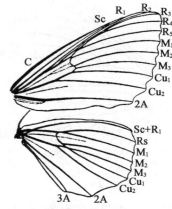

图 4-85　灯蛾科脉序（仿古德祥）　　　　图 4-86　夜蛾科脉序（仿古德祥）

34. 有单眼 ·· 灯蛾科 Arctiidae
  无单眼 ··· 苔蛾科 Lithosiidae

35. 有单眼；喙多发达；雌蛾腹末无大毛丛 ······ 夜蛾科 Noctuidae（图 4-86）
  无单眼；喙极其退化或消失；雌蛾腹末常具大毛丛 ·················
  ·· 毒蛾科 Lymantriidae

36. 喙基部具鳞片；后翅梯形，外缘凹入。体极小型到中型 ·············
  ·· 麦蛾科 Gelechiidae（图 4-87）
  喙基部无鳞片；后翅披针形至卵形，外缘不凹入。体多小型或极小型·····
  ··· 37

37. 触角柄节有时膨大形成眼罩（图 4-88）；前翅 R$_5$ 常达前缘 ·········· 38
  触角柄节常有栉毛（图 4-89）；前翅 R$_5$ 常达外缘 ·················· 40

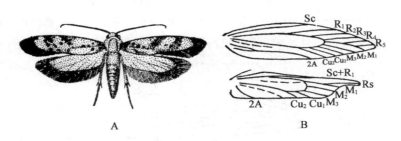

图 4-87　麦蛾科代表及脉序（A 仿 Busk，B 仿古德祥）

A.棉红铃虫 *Pectinophora gossypiella*（Saunder）全形；B.脉序

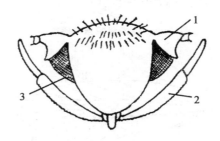

图 4-88　头部正面观示眼罩（仿 Borror）

1.眼罩；2.下唇须；3.复眼

38.颜面光滑，下唇须上举，无侧鬃 ……………
………………………………… 细蛾科 Gracillariidea
　颜面和头顶具竖鳞，下唇须前伸，第 2 节具侧鬃
………………………………………………… 39

39.具喙，下颚须 5 节 ………… 谷蛾科 Tineidae
　喙消失，下颚须短或消失 … 蓑蛾科 Psychidae

40.后足胫节具有浓密的刺，跗节各节在顶端有成
群刺毛；静止时中、后足常展开或高举 ………
………………………… 举肢蛾科 Heliodinidae
　后足胫节、跗节无轮生刺群；静止时中、后足不展开或高举 ……………… 41

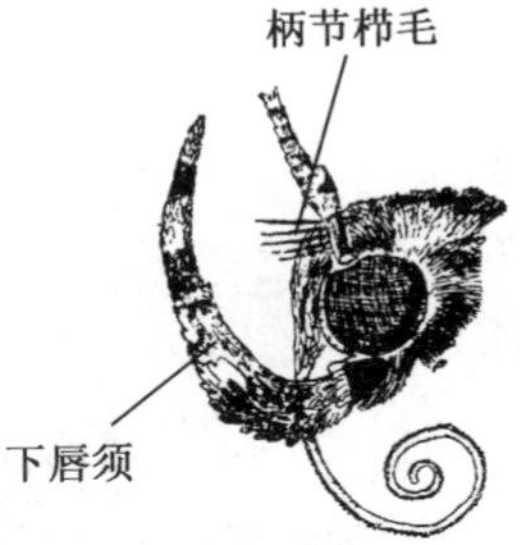

柄节栉毛

下唇须

**图 4-89　小鳞翅类头部侧
面观**（仿杨庆爽等）

41.下唇须小而下垂;有眼罩(图4-88);静止时触角后伸 ••••••••••••
•• 潜蛾科 Lyonetiidae

下唇须发达而且上举(图4-89);无眼罩;静止时触角前伸 ••••••••••••
•• 菜蛾科 Plutellidae(图4-91)

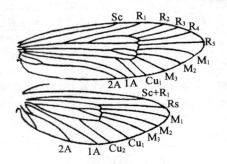

图 4-90 谷蛾科脉序（仿周尧）

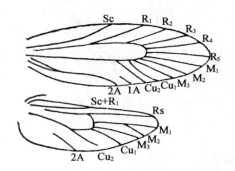

图 4-91 菜蛾科脉序（仿古德祥）

作业与思考题

①将实习中采集的鞘翅目和鳞翅目标本鉴定到科。

②编写的步甲科、鳃金龟科、叩甲科、拟步甲科、瓢甲科、天牛科、叶甲科、象甲科、粉蝶科、凤蝶科、眼蝶科、蛱蝶科、螟蛾科、天蛾科、夜蛾科的二项式检索表。

双翅目和膜翅目昆虫的分类

【目的】

认识和掌握双翅目、膜翅目及其常见科的形态鉴别特征;学习使用检索表和编制检索表。

【材料】

大蚊、蚊、摇蚊、瘿蚊、虻、食虫虻、食蚜蝇、蝇、花蝇、寄蝇、丽蝇、麻蝇、潜蝇、实蝇、叶蜂、茎蜂、树蜂、姬蜂、茧蜂、小蜂、赤眼蜂、蚁、胡蜂、蜾蠃、蜜蜂等的成虫标本。

【用具】

双管镜、显微镜、镊子、培养皿和解剖针等。

【内容与方法】

中国双翅目常见科检索表

1. 触角 6 节以上(图 4-92A、B);下颚须 4 或 5 节。幼虫多为全头型(长角亚目
  Nematocera) ·· 2
  触角 5 节以下(图 4-92C~J);下颚须 1 或 2 节。幼虫为半头型或无头型 ··· 10
2. 中胸有"V"形横沟(图 4-93);足细长 ·········· 大蚊科 Tipulidae
  中胸无"V"形横沟 ································· 3
3. 前翅纵脉 3~5 条,无横脉;触角念珠状 ·········· 瘿蚊科 Cecidomyiidae
  前翅纵脉 5 条以上,有横脉;触角非念珠状 ············· 4
4. 有单眼 ··· 5
  无单眼 ··· 6
5. 触角细长,一般长于胸部的长度 ·········· 菌蚊科(＝ 蕈蚊科)Mycetophilidae
  触角粗短,一般短于胸部的长度 ·················· 毛蚊科 Bibionidae

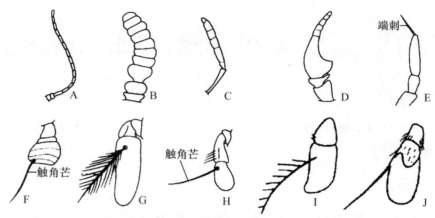

图 4-92　双翅目昆虫的触角类型（仿 Borror，余仿各作者）

A. 蕈蚊 *Mycomya* sp.；B. 毛蚊 *Bibio* sp.；C. 水虻 *Stratiomys* sp.；D. 牛虻 *Tabanus* sp.；
E. 食虫虻 *Asilus* sp.；F. 水虻 *Ptecticus* sp.；G. 丽蝇 *Calliphora* sp.；H. 寄蝇 *Epalpus* sp.；
I. 东方角蝇 *Haematobia exiguade*（蝇科），示触角毛栉状；J. 食蚜蝇科

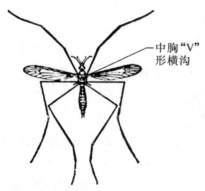

图 4-93　大蚊科：大蚊 *Tipula prae-potens* Wiedmann（仿高桥）

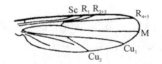

图 4-94　摇蚊科脉序（仿 Kiffer）

6.触角极短，约与头等长。翅很宽，仅前缘具 2～3 条发育完善的粗脉，后边的
　脉都很微弱　·······································　蚋科 Simuliidae
　触角不极短，一般比头为长。翅不很宽，后边的翅脉不很微弱···········　7

7.伸达翅缘的脉在 8 条以下·····································　8
　伸达翅缘的脉在 9 条以上·····································　9

8.中胸盾片常具 3 条"品"字排列的纵走骨化带，后胸背板有一纵沟；翅中脉
　（M）不分支。口器不适于刺吸·············　摇蚊科 Chironomidae（图 4-94）

中胸盾片无上述骨化带,后胸背板无纵沟;翅中脉(M)分支。口器适于刺吸
……………………………………………………… 蠓科 Ceratopogonidae

9. 翅宽而顶尖,翅上有毛 ……………… 蛾蠓科(＝ 蛾蚋或毛蠓科)Psychodidae
翅窄而顶圆,翅上及后缘有鳞片 …………………………… 蚊科 Culicidae

10. 触角第3节有时呈现分节痕迹(图 4-92C、D)或具端刺(图 4-92E、F)或端
部具触角芒(图 4-92F)。幼血半头型,被蛹,羽化时直裂(短角亚目
Brachycera) ……………………………………………………… 11
触角3节(或更少),第3节背面具芒(图 4-92G～J)。幼虫无头型,蛆型,
围蛹,羽化时环裂(环裂亚目 Cyclorrhapha 或芒角亚目 Aristocera) … 18

11. 爪间突垫状(图 4-95B) ………………………………………………… 12
爪间突毛状(图 4-95D) ………………………………………………… 13

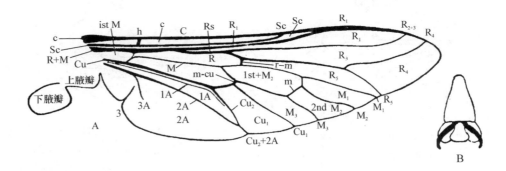

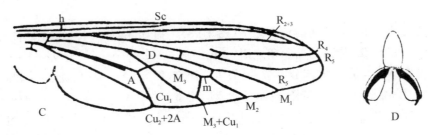

图 4-95 虻科和食虫虻科特征(B,D 仿杨庆爽等,余仿各作者)
A～B. 虻科;C～D. 食虫虻科;A,C. 脉序;B,D. 跗节末端

12. 下腋瓣大,R_5脉伸达翅的外缘,远在顶角之下(图 4-95A) ……………
……………………………………………………………… 虻科 Tabanidae

下腭瓣小或无，R₅脉伸达翅的前缘，不超过顶角（图 4-96）⋯⋯⋯⋯
⋯⋯⋯⋯⋯⋯⋯⋯⋯⋯⋯⋯⋯⋯⋯⋯⋯ 水虻科 Stratiomyiidae

13. 头顶下凹。体多鬃毛，捕食性 ⋯⋯⋯⋯⋯ 食虫虻科（＝ 盗虻科）Asilidae
     头顶不凹陷，平或向上凸出 ⋯⋯⋯⋯⋯⋯⋯⋯⋯⋯⋯⋯⋯⋯⋯⋯ 14

14. 体具金属光泽；Rs 分叉处膨大（图 4-97） ⋯⋯⋯ 长足虻科 Dolichopodidae
     体无金属光泽；Rs 分叉处不膨大 ⋯⋯⋯⋯⋯⋯⋯⋯⋯⋯⋯⋯⋯⋯ 15

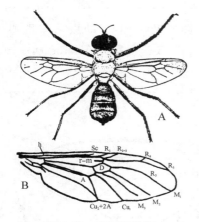

图 4-96　水虻科特征

（A 仿大内，B 仿杨庆爽等）

A. 舟山水虻 Prosopochrysa chusanensis
Ouchi 全形；B. 脉序

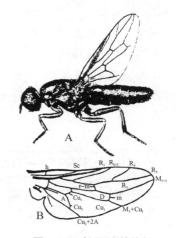

图 4-97　长足虻科特征

（A 仿杨定、杨集昆，B 仿杨庆爽等）

A. 基黄长足虻 Dolichopus simulator
Parent 全形；B. 脉序

15. 翅脉 R₅ 伸达翅的顶角之上（图 4-98）。捕食性 ⋯⋯ 窗虻科 Scenopinidae
     翅脉 R₅ 伸达翅的顶角之下 ⋯⋯⋯⋯⋯⋯⋯⋯⋯⋯⋯⋯⋯⋯⋯⋯ 16

16. M₃ 与 Cu₁ 大部分不合并，有 M₃ 翅室（图 4-99） ⋯⋯ 剑虻科 Therevidae
     M₃ 与 Cu₁ 大部分合并，故无 M₃ 翅室 ⋯⋯⋯⋯⋯⋯⋯⋯⋯⋯⋯ 17

17. 臀室（A）不封闭或封闭而达翅缘。体粗状多绒毛或体瘦长无毛（图 4-100）
     ⋯⋯⋯⋯⋯⋯⋯⋯⋯⋯⋯⋯⋯⋯⋯⋯⋯⋯⋯⋯⋯ 蜂虻科 Bombylidae
     臀室（A）封闭，远离翅缘（图 4-101） ⋯⋯⋯⋯⋯⋯ 舞虻科 Empidiidae

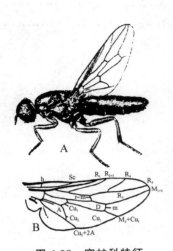

图 4-98　窗虻科特征

（A 仿 Krivosheina，B 仿杨庆爽等）

A. 窗虻 *Scenopinus fenestralis*

（Linnaeus）全形；B. 脉序

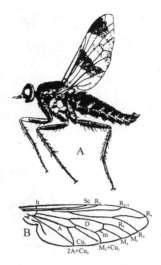

图 4-99　剑虻科特征

（A 仿杨定、杨集昆，B 仿杨庆爽等）

A. 斑翅剑虻 *Hoplosathe kozlovi*

Lyneborg *et* Zaitsev 全形；B. 脉序

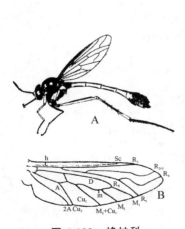

图 4-100　蜂虻科

（A 仿杨集昆，B 仿 Borror）

A. 三蜂姬蜂虻 *Systropus tricuspi-*

datus 侧面观；B. 脉序

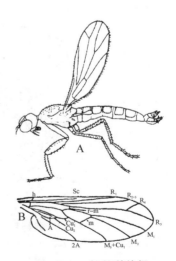

图 4-101　舞虻科特征

（A 仿杨定等，B 仿杨庆爽等）

A. 中纹螳舞虻 *Hemerodromia*

striata Yang *et* Yang 全形；B. 脉序

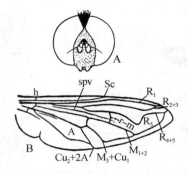

图 4-102　食蚜蝇科特征(A 仿杨庆爽等,B 仿薛万琦等)

A. 头部正面观特征图;B. 脉序;spv. 伪脉

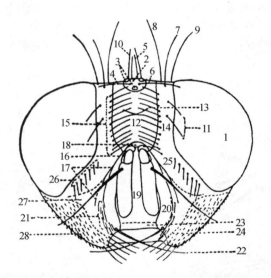

图 4-103　双翅目有瓣类成虫头部正面观(仿范滋德)

1. 复眼;2. 单眼三角;3. 单眼;4. 单眼鬃;5. 单眼后鬃;6. 头顶;7. 前顶鬃;8. 内顶鬃;9. 外顶鬃;

10. 后顶鬃;11. 侧额鬃;12. 间额;13. 间额鬃;14. 侧额;15. 额鬃;16. 触角第二节上的裂缝;

17. 额囊缝;18. 新月片;19. 中颜板;20. 颜堤;21. 颜鬃;22. 口鬃;23. 口上片;24. 缘膜;

25. 侧颜;26. 侧颜鬃;27. 下侧颜;28. 颊

19. 头正常；复眼为离眼，只占据头部小部分；
在径脉 R_{4+5} 与中脉 M_{1+2} 之间具一条伪
脉，穿过径中横脉 r-m，两端不与他脉相连
（图 4-102B） ………… 食蚜蝇科 Syrphidae
头极大；复眼为接眼，占据头部大部分；在
径脉 R_{4+5} 与中脉 M_{1+2} 之间无伪脉（图 4-
104） ……………… 头蝇科 Pipunculidae

图 4-104　头蝇科:长尾光头蝇
Cephalops longicaudus
（仿薛万琦等）

20. 下腋瓣小或痕迹状；触角第 2 节无纵沟（无
瓣类 Acalyptratae） ……………………… 21
下腋瓣发达，触角第 2 节背面外侧有一纵
贯全长的裂缝（图 4-102）（有瓣类 Calyptratae） ………… 25

21. 头部向两侧突伸，复眼着生在突伸部的末端；触角着生在头的突伸部分上，
靠近复眼 ………………………… 突眼蝇科 Diopsidae
头部多正常,若头部向两侧突伸,则触角着生在头的中央,离复眼很远
………………………………… 22

22. 翅前缘仅靠近 Sc 末端处有 1 缺刻(cbr) ……………… 23
翅前缘仅靠近 Sc 末端处有 2 缺刻(cbr) ……………… 24

23. 翅无臀室（图 4-105）；单眼三角区大；后顶鬃相接或平行 ………
……………… 秆蝇科（＝黄潜蝇科)Chloropidae
翅有臀室（图 4-106）；单眼三角区小；后顶鬃分开或无 ………
……………………………… 潜蝇科 Agromyzidae

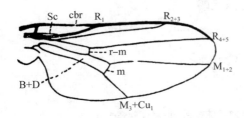

图 4-105　秆蝇科脉序(仿 Cole)

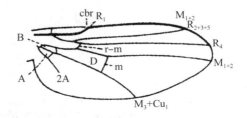

图 4-106　潜蝇科脉序(仿 Borror 等)

24. 触角芒光裸或有细毛；翅多有斑纹；Sc 末端呈直角折向前缘；臀室末端突
伸呈一锐角（图 4-107） ……………… 实蝇科 Trypetidae
触角芒一般羽毛状；翅无斑纹；Sc 末端不弯成直角；臀室末端不突伸呈锐
角（图 4-108） ……………… 果蝇科 Drosophilidae

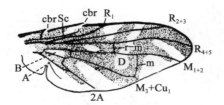

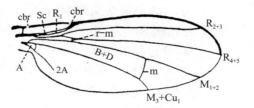

图 4-107　实蝇科脉序（仿古德祥）　　　　**图 4-108　果蝇科脉序**（仿古德祥）

25. 下侧片光裸,最多仅短细的毛;翅侧片裸或仅具毛;M_{1+2} 直或向前弯曲,若
　　弯曲,则转弯处无短脉伸出 ·· 26
　　下侧片具成行的鬃,翅侧片具鬃毛(图 4-109);M_{1+2} 呈角状向前弯曲,且在
　　转弯处有时有 1 短脉(赘脉)伸出 ······································ 27

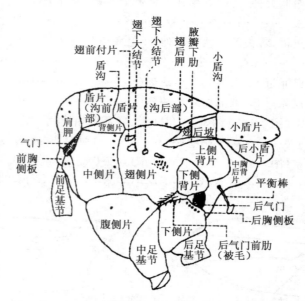

图 4-109　双翅目有瓣类成虫胸部侧面观（仿赵建铭等）

26. $Cu_2 + 2A$ 伸达翅后缘,M_{1+2} 常直。体小至中型 ·······················
　　·································· 花蝇科 Anthomyiidae(图 4-110)
　　$Cu_2 + 2A$ 不伸达翅后缘,M_{1+2} 除少数是直的外,常呈弧形或角形弯曲。
　　体中型或大型(图 4-111) ································· 蝇科 Muscidae

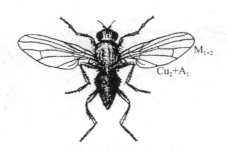

图 4-110 花蝇科:灰地种蝇
Delia platura（Meigen）（仿周尧）

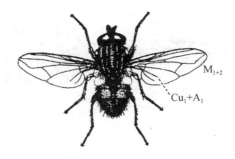

图 4-111 蝇科:家蝇 *Musca domestica* **L.**
（仿范滋德）

27. 触角芒多羽毛状;后小盾片不明显或退化;腹部至少第 2 节腹板外露,不被
　　同节背板侧缘所覆盖 ·· 28
　　触角芒刚毛状;胸部后小盾片发达,明显地凸出呈垫状,故侧面观具 2 个隆
　　起;腹部腹板被同节背板所掩盖(图 4-112),且腹部有许多粗大的鬃 ······
　　·· 寄蝇科 Tachinidae

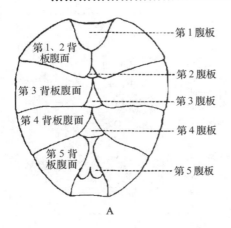

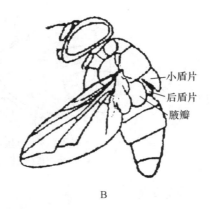

图 4-112 寄蝇科特征（仿各作者）

A. 腹部腹面观;B. 侧面观

28. 触角芒光裸或仅基半部羽毛状;体色多灰黑,无金属光泽;翅脉 M_{1+2} 在转
　　弯处有短脉(赘脉)伸出(图 4-113) ···················· 麻蝇科 Sarcophagidae
　　触角芒全长羽毛状;体色多青、绿色,具金属光泽;翅脉 M_{1+2} 在转弯处无
　　短脉伸出(图 4-114) ·································· 丽蝇科 Calliphoridae

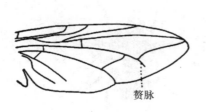

图 4-113　麻蝇科脉序

（仿 Saoshi 和 Shinonaga）

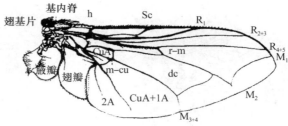

图 4-114　丽蝇科的翅

（仿 Mc. Apline）

中国膜翅目常见科检索表

1. 腹基部不缢缩,腹部第 1 节不与后胸合并(图 4-115A);前翅至少具 1 个封闭的臀室;后翅基部至少 3 个闭室(广腰亚目 Symphyta) ················ 2

    腹基部缢缩,具柄或略呈柄状;腹部第 1 节与后胸合并成并胸腹节(图 4-115B~D);前翅无臀室;后翅基部少于 3 个闭室(细腰亚目 Apocrita) ···

    ·························· 6

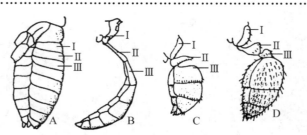

图 4-115　膜翅目胸、腹部的连接(仿周尧)

A. 广腰亚目(叶蜂);B. 细腰亚目(姬蜂);C,D. 蚂蚁

2. 前足胫节具 2 个端距 ·························· 3

    前足胫节只有 1 个端距 ·························· 5

3. 前胸背板后缘直或略凹;体扁平;触角鞭分节具发达的叶片 ··············

    ·························· 广背蜂科(＝锯蜂科)Xyelidae

    前胸背板后缘向前深凹;体和触角不如上述 ·························· 4

4. 触角 3 节 ·························· 三节叶蜂科 Argidae

    触角至少 6 节 ·························· 叶蜂科 Tenthredinidae

5. 前胸背板后缘直或略凹;腹部略侧扁;产卵器较短,仅略伸出腹端 ··············

茎蜂科 Cephidae

前胸背板后缘向前深凹；腹部圆柱形；产卵器细长，伸出腹端很长 ⋯⋯⋯

　　　　　　　　　　　　　　　　　　　　　　　　　树蜂科 Siricidae

6. 足的转节多为 2 节；产卵器不能缩入体内；腹部末节腹板不纵裂（图
　　4-116A、B）；寄生性（寄生部 Parasitica）⋯⋯⋯⋯⋯⋯⋯⋯⋯ 7
　　足转节 1 节；产卵器螯刺状，不用时缩在体内，腹部末节腹板不纵裂（图
　　4-116C）（针尾部 Aculeata）⋯⋯⋯⋯⋯⋯⋯⋯⋯⋯⋯⋯⋯ 18

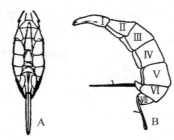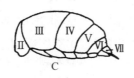

图 4-116　姬蜂与胡蜂的腹部（仿周尧）

A. 姬蜂腹部腹面观；B. 姬蜂腹部侧面观；C. 胡蜂腹部侧面观

7. 触角膝状（图 4-117A）；前翅翅脉很退化，通常具一短的线状翅脉（痣脉），
　　缺缘室（图 4-117B）；前胸背板不达翅基片（图 4-117C）；小盾片前角具三角
　　片（图 4-117C）⋯⋯⋯⋯⋯⋯⋯⋯⋯⋯⋯⋯⋯⋯⋯⋯⋯⋯⋯ 8
　　触角非膝状；前翅不如上述；前胸背板向后延伸达翅基片；小盾片前角无三
　　角片 ⋯⋯⋯⋯⋯⋯⋯⋯⋯⋯⋯⋯⋯⋯⋯⋯⋯⋯⋯⋯⋯⋯⋯ 14

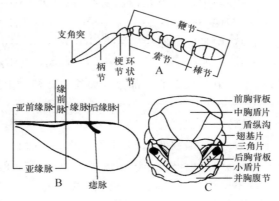

图 4-117　小蜂总科特征（仿夏松云等）

A. 触角；B. 前翅；C. 胸部背面观

8. 雌蜂头部与体呈水平方向,颜面凹陷甚深;雄蜂前、后足甚短而肥胖,其胫节长不及腿节之半;中足很细;雄蜂常无翅;触角粗,3～9 节,生活于无花果等植物内 ································· 榕小蜂科 Agaonidae

头与体多呈垂直方向;雄蜂前、后足胫节不特别短缩 ·················· 9

9. 跗节 3 节;触角短;索节最多 2 节;前翅后缘脉退化,有的属翅上的刚毛呈放射状排列;体长约 0.5 mm;卵寄生蜂 ··· 赤眼蜂科 Trichogrammatidae

跗节 4 或 5 节;其他特征不完全如上所述 ························ 10

10. 触角间距大;触角长,无环状节,雄蜂触角鞭形,雌蜂末端呈棍棒状;翅基常呈柄状,翅缘具长缨;产卵管一般伸出。体长一般短于 1 mm
    ·················· 缨小蜂科(＝柄翅卵小蜂)Mymaridae

触角间距小,一般很接近,小于触角至复眼的距离。触角一般短,常具环状节 ························· 11

11. 后足腿节特别膨大,腹面具齿,后足胫节弧状弯曲。体多为 2～5 mm;强度骨化,无金属光泽 ······················ 小蜂科 Chalcididae

后足腿节正常,若极少数膨大具齿,则后足胫节直。体细长,常有金属光泽 ························· 12

12. 体长约 1 mm 或更小;体平,腹部宽阔,无柄;触角除环状节大多不超过 8 节;后缘脉及痣脉不发达。中足胫节距长,有刺或叶状齿 ·······
    ························ 蚜小蜂科 Aphelinidae

体长一般大于 1 mm;腹部多少具柄;触角除环状节大多超过 8 节;后缘脉及痣脉其一发达或均发达 ·············· 13

13. 中胸侧板完整隆起;中足胫节距特别发达,长且大 ···········
    ························ 跳小蜂科 Encyrtidae

中胸侧板不完整;中足胫节距正常 ························
    ························ 金小蜂科 Pteromalidae

14. 前翅无翅痣;足转节常仅 1 节。部分种类幼虫在植物上造成虫瘿 ········
    ························ 瘿蜂科 Cynipidae

前翅具翅痣;足转节 2 节;幼虫寄生 ··············· 15

15. 雌蜂腹部末端弯钩状;上颚发达,但多不对称,左 3 齿、右 4 齿 ······
    ························ 钩腹蜂科 Trigonalyidae

雌蜂腹部末端不呈钩状弯曲;上颚不如上述 ··············· 16

16. 腹部短,左右侧扁,着生在并胸腹节背面;触角 13～14 节 ········
    ························ 旗腹蜂科 Evaniidae

腹部形状正常,常着生在并胸腹节下面;触角多在 16 节以上 ………… 17

17. 前翅具两条回脉,多数种类具小翅室(图 4-118A);第 2 及第 3 腹节不愈合,腹部可以自由活动。体形大小不等,体长(产卵器除外)从几毫米到 40 mm 以上 ●●●●●●●●●●●●●●●●●●●●●●●● 姬蜂科 Ichenumonidae
　　前翅具 1 条回脉,无小翅室(图 4-118C);通常第 2 及第 3 腹节愈合,背面不能自由活动(图 4-118B)。多为小型昆虫,体长很少超过 12 mm ●●●●● ●●●●●●●●●●●●●●●●●●●●●●●●●●●●●●●●●● 茧蜂科 Braconidae

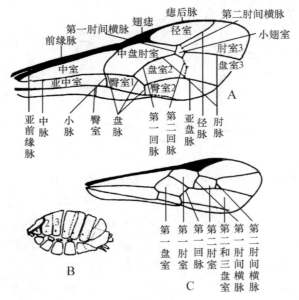

图 4-118　姬蜂科和茧蜂科特征(B 仿古德祥,余仿夏松云等)
A. 姬蜂科前翅;B. 茧蜂科腹部侧面,示第 2、3 腹节愈合;C.茧蜂科前翅

18. 触角膝状;腹部第 1 节呈鳞片状或结节状,有时第 1、2 节均形成结节状,与第 3 节背腹两面均有深沟明显分开(图 4-115C、D);群体生活,部分为捕食性,没有寄生性 ●●●●●●●●●●●●●●●●●●●●●●●● 蚁科 Fomicidae
　　触角不为膝状;腹部第 1 节不呈鳞片状,若为结节状则第 2 节与第 3 节之间无深沟分开 ●●●●●●●●●●●●●●●●●●●●●●●●●●●●●●●●●●● 19

19. 前胸背板两侧向后延伸达到或几乎达到翅基片(图 4-119、图 4-120) ●●● 20
　　前胸背板不向后伸达翅基片 ●●●●●●●●●●●●●●●●●●●●●●●●●●●● 30

20. 后翅有明显的脉序,而且至少有 1 闭室 ●●●●●●●●●●●●●●●●●●●● 21

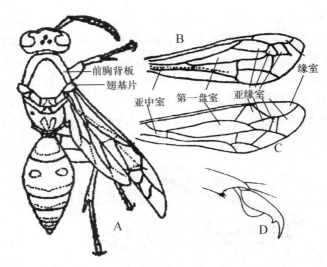

图 4-119 胡蜂科和蜾蠃蜂科特征（A 仿李鸿兴等；B 仿 Gauld 和 Bolton；C～D 仿各作者）
A～B. 胡蜂科：A. 全形，示前翅纵褶，B. 前翅；C～D. 蜾蠃蜂科：C. 前翅，D. 爪

后翅无明显的脉序和闭室。通常为小型或微小蜂类 ·················· 28

21. 有翅 ·· 22
    无翅 ·· 27

22. 前翅的第 1 盘室很长，长于亚中室（或称亚基室）（图 4-119B、C，图 4-121）；停息时前翅从基部到端部能整个纵褶（图 4-119A） ·················· 23
    前翅的第 1 盘室短，短于亚中室（图 4-120）；前翅不纵褶 ·················· 24

23. 中足胫节端部仅有 1 距；爪 2 叉状（图 4-119D）；上颚长，完全闭合时相互交叉 ·· 蜾蠃蜂科 Eumenidae
    中足胫节端部有 2 距；爪不分叉；上颚短，完全闭合时呈横形，不相互交叉 ·················· 胡蜂科 Vespidae（图 4-119A、B）

24. 中胸侧板由 1 斜而直的沟（或缝）分隔成上、下两部分（图 4-121）；触角多卷曲 ·· 蛛蜂科 Pompilidae
    中胸侧板无上述的斜沟 ·· 25

25. 翅端部 1/4 或 1/4 以上的翅面上具细密的纵皱隆线；翅脉不达翅缘（图 4-120）；中胸和后胸腹板共同形成 1 块平板，仅由 1 条多少弯曲的横缝分开，且覆盖中足及后足基节的基部（图 4-122A） ·················· 土蜂科 Scoliidae
    翅端部 1/4 或 1/4 以上的翅面上平滑，无纵皱隆线；中胸和后胸腹板不形

成 1 块平板,而以明显的褶皱相分开,有时具 1 对向后直伸的薄片覆盖中足及后足基节的基部(图 4-122B) ···················· 26

图 4-120　土蜂科特征

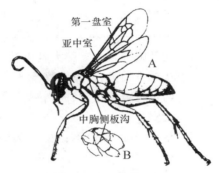

图 4-121　蛛蜂科特征图

(仿 Gauld and Bolton)

A. 全形;B. 具翅胸节

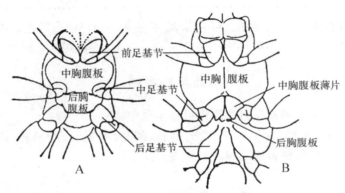

图 4-122　土蜂科和钩土蜂科胸部腹面特征比较(仿 Borror)

A. 土蜂科;B. 钩土蜂科

26. 腹部第 1、2 腹板之间有缢缩;中胸腹板具 1 对向后直伸的薄片覆盖中足及后足基节的基部(图 4-122B);中足基节相互离开甚远;爪二叉状。雌性有时无翅 ···················· 钩土蜂科(＝臀钩土蜂科)Tiphiidae

腹部第 1、2 腹板之间无缢缩;中足基节相互接近;爪多简单 ···················· ···················· 蚁蜂科 Mutillidae(雄)

27. 胸部背面看起来呈匣状,上无沟,或最多在前胸与中胸背板之间具一缝;身体上具显著的刻纹和刻窝,并生有密毛;爪简单 ····················

······························· 蚁蜂科 Mutillidae（雌）

胸部背面延伸,不呈匣状,上具 3 条沟,深凹,呈较宽的凹痕状;身体光滑,无刻纹和刻窝,也没有密毛;爪深列呈二叉状 ·····················

······························· 钩土蜂科 Tiphiidae（无翅雌蜂）

28. 前足腿节常显著膨大且末端呈棍棒状;前胸两腹侧部不在前足基节前相接或不明显;后翅有臀叶 ·································· 29

前足腿节多正常;前胸左右两腹侧部细,伸向前足基节前方而相接;后翅无臀叶 ·································· 细蜂科 Proctotrupidae

29. 足常粗壮;复眼不占据头部侧面的大部分;腹部有 7 节或 8 节可见的背板;雌性有螫针 ······························ 肿腿蜂科 Bethylidae

足细;复眼占据头部侧面的大部分;腹部可见的背板至多 6 节,通常更少;雌性具产卵管 ······························ 青蜂科 Chrysididae

30. 中胸背板（包括小盾片）的毛分支呈羽毛状;后足为携粉足 ·················

······························· 蜜蜂科 Apidae

中胸背板（包括小盾片）的毛简单、不分支;一般足长,后足非携粉足 ······

······························· 泥蜂科 Sphecidae

作业与思考题

①将实习中采集的双翅目和膜翅目标本鉴定到科。

②编写蚊科、虻科、食虫虻科、食蚜蝇科、蝇科、丽蝇科、叶蜂科、姬蜂科、茧蜂科、蚁科、胡蜂科和蜜蜂科的二项式检索表。

第五章　昆虫的生态

昆虫过冷却点的测定

【目的】

掌握热电偶测定微小环境温度的方法;通过测定昆虫的过冷却点了解不同昆虫(或同一昆虫的不同虫态、虫龄)抗寒能力的差异。

【材料】

米蛾 *Corcyra cephalonica* Stainton 和粘虫 *Mythimna separate* Walker 幼虫。

【用具】

温差热电偶、光点反射检流计、冰瓶、标准温度计、温箱、瓷盘、镊子、小指形管、透明胶带、碎冰块、热水和 NaCl。

【内容与方法】

一、原理

昆虫属于变温动物,即其体温随周围环境温度的变化而变化。当环境温度由高温状态逐渐下降时,昆虫体温也随之降低。当昆虫体温降至 0℃ 时,其体液并不立即冻结;而当体温下降至零下某个临界点(过冷却点)时,温度不再下降,体液开始结冰。由于组织结冰而释放溶解热,体温有短时间的回升,而回升到某一点(冻结点)后,体温又重新下降,不再回升,直到降至环境温度为止(图 5-1)。

综上所述,我们可以把昆虫过冷却现象简述为:昆虫体温处于 0℃ 以下而不立即冻结的现象。昆虫过冷却现象的产生,是由于昆虫体液内含有大量的化学物质,

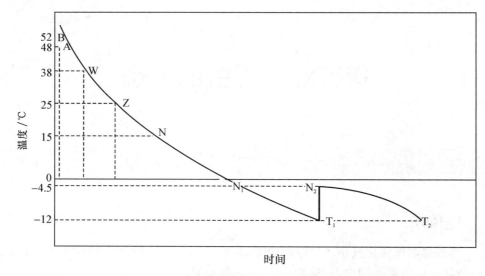

图 5-1　低温下昆虫体温的下降过程（仿 Бахматьев）

N_1.体液开始过冷却；N_2.冻结点；T_1.过冷却点；T_2.死亡点

如糖和脂肪等,而体内原生质又形成了一定的有机结构,从而使其体液能忍受 0℃以下的低温而不冻结。测定昆虫的过冷却点是研究低温极限对昆虫的致死作用,以及昆虫抗寒能力（抗寒性）的常用方法之一。不同昆虫以及同种昆虫的不同地理种群或不同虫态、虫龄,甚至不同个体,生理状况（如性别、营养状况、进入越冬与否）以及降温速度快慢等,都可能影响昆虫抗寒力。因此,对昆虫过冷却点测定的选材和结果都应视具体情况具体分析。

热电偶温度计（原理及装置见附录）是测量微小环境、昆虫体温和过冷却点的理想仪器。

二、方法

（一）建立鉴定曲线 S^+—S^-

建立鉴定曲线 S^+—S^- 即作出温度（℃）与检流计的电流强度间的换算曲线。

①取碎冰块若干,装入第一个冰瓶内,插入标准温度计一支,使其温度稳定在 0℃。

②准备好热水、自来水、冰块和另一支标准温度计及第二个冰瓶。

③将温差热电偶与检流计连接好后,首先调整零点,而后把热电偶的 A 端（负极）插入第一个冰瓶,B 端插入第二个冰瓶。

④在第二个冰瓶中用冰块、自来水及热水来逐级升高其温度,造成 A 与 B 之间的均匀温度梯度。一般从 0℃ 开始,按 5℃ 为一级,逐渐加温,即 0℃、5℃、10℃、…、40℃。分别在检流计上读出各温度梯度相应的电流强度(I)值(以格数表示),而后以这些数值为坐标点,在直角坐标系中将这些点连成光滑曲线即为"S^+"。仍按上述方法,调换接线柱正负极位置即可作出"S^-"(图 5-2)。

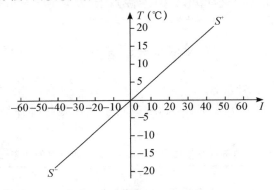

图 5-2　鉴定曲线 S^+—S^-

(二)昆虫过冷却点的测定

(1)获得低温环境。将 4 份碎冰块和 1 份 NaCl 充分混合,即可得到 −22℃ 左右的低温。把这种冰盐混合物放入第二个冰瓶内,待用。

(2)将温差热电偶的 A 端仍插在第一冰瓶中(0℃);B 端为测温端。取米蛾或粘虫幼虫 1 头,用透明胶带将幼虫和 B 端包在一起(使虫体与 B 端充分紧接),而后放入一小指形管中。打开检流计开关,当光点稳定后,其读数即为该虫体温的 I 值,通过 S^+—S^- 换算,即可得到其体温值(℃)。

(3)把 B 端连同小指形管一起插在冰盐混合物中(第二个冰瓶中)。当检流计的光标开始向左偏转(I 值减小,虫体温度随环境温度下降而下降)时,应马上按一定时间间隔(1 s 左右)读一次 I 值,并记录下来。当光标向左移动到一定位置后,稍停后即迅速向右移动,此"稍停"的 I 值即为过冷却点(T_1),及时记下 I 值。这个体温"回升"表示虫体内组织开始冻结放热,因虫体小,故体温回升持续时间很短。当光标向右移动到一定刻度后,又折回向左移动,此转折点就是冻结点(N_2),及时记下其 I 值。光标继续向左移动,直至达到环境温度为止(即冰盐混合物的温度)。下面以米蛾幼虫的过冷却过程为例,示光标的移动路线,见图 5-3。

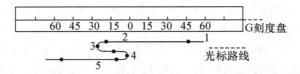

图 5-3 降温过程中米蛾 *Corcyra cephalonica* Stainton 体温的变化
1.米蛾幼虫体温(I值);2.体液开始过冷却(N_1);3.过冷却点(T_1);
4.冻结点(N_2);5.起始死亡点(T_2)

作业与思考题

①绘制鉴定曲线 $S^+ {-} S^-$。

②测定米蛾及粘虫幼虫各 10 头,取其均值画出过冷却曲线图,按表 5-1 进行记录和整理。

表 5-1 幼虫过冷却过程中电流强度(I)和温度的动态记录

时间/s		1	2	3	4	5	6	7	8	9	10	…n_i
I 值(格)	虫$_1$ 虫$_2$ ⋮ 虫$_{10}$											
换算温度 /℃	虫$_1$ 虫$_2$ ⋮ 虫$_{10}$											
$\sum$ 平均												

③在过冷却过程中的不同温度点取出供试幼虫,放在合适温度下,看其存活情况,并分析其原因,按表 5-2 进行记录。

表 5-2 幼虫死亡率与过冷却时间的关系

取出时的温度区间	试虫	25℃温箱处理 10 min		死亡率/%
		活(V)	死(X)	
C—N$_1$ 区间	虫$_1$ ⋮ 虫$_{10}$			
N$_1$—T$_1$ 区间	虫$_{11}$ ⋮ 虫$_{20}$			

续表 5-2

取出时的温度区间	试虫	25℃温箱处理 10 min		死亡率/%
		活（V）	死（X）	
$T_1 - T_2$ 区间	虫$_{21}$ ⋮ 虫$_{30}$			
T_2 以下	虫$_{31}$ ⋮ 虫$_{40}$			

附录：温差热电偶的基本原理和装置

温差电现象是塞贝克（Seebeck）在 1821 年发现的,故亦称塞贝克效应。它是指用两种不同的金属导体（在生物学研究中常用铜丝及镍铜丝,适合测定 400℃以下的温度）连成闭合电路,当两种导体（线）的接触点（A、B）处于不同温度时,就会产生一定强度的电动势,称温差电动势。如使电路闭合,就会产生恒定的电流,这种装置叫热电偶。如图 5-4、图 5-5 所示。

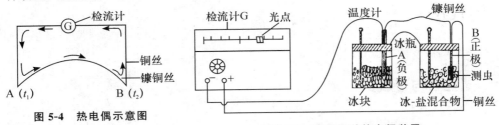

图 5-4　热电偶示意图

图 5-5　常见温差热电偶装置

温差热电偶的一般工作原理：当两接触点 A、B 间的温差不大时,热电偶的电动势近似的和两接触点的温差成正比,即

$$E = K(B - A) \tag{1}$$

由于

$$E = I(R + R_i) \tag{2}$$

故

$$I = \frac{K(B - A)}{R + R_i} \tag{3}$$

式中：E——温差电动势；K——比例常数；A、B——两接触点；R——外路电阻；R_i——内路电阻；I——电流强度。

由式（3）可看出,当 R、R_i（视热电偶材料而定）一定时,$B-A$ 差值愈大,I 值亦愈大,亦即 I 值愈大,$B-A$ 之温差愈大。

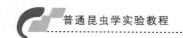
作业与思考题

思考研究昆虫过冷却点的意义。

实验十五　　昆虫种群生命表的组建与分析

【目的】

掌握昆虫种群生命表组建和分析的基本方法。

【材料】

舞毒蛾 *Lymantria dispar* L.（特征年龄生命表原始数据），庭园丽金龟 *Phyllopertha horticola* L.（生殖力表原始数据）。

【用具】

计算器或微机。

【内容与方法】

一、原理

所谓生命表（life table），就是系统地跟踪一个生物种群，将种群在各个连续时段（或发育阶段）内的死亡数量、死亡原因及繁殖数量等信息，按照一定的格式详细列出而构成的表格。生命表为我们提供了有关种群的系统化和规范化的准确材料，是了解昆虫种群动态和进行预测预报的重要工具。根据昆虫种群的特点及研究者的目的和方法，生命表可以人为划分为两大类：

1. 特定时间生命表（time-specific life table）

该生命表是指在种群年龄组配稳定的前提下，以特定的时间间隔为单位，系统调查记载在时刻 x 开始时存活的数量、x 期间死亡的数量及雌体的平均产雌数量等。形象地说，这类生命表就是在种群系统发展变化的"长河"中人为地切开等距离的一个个"剖面"，从中获取有关信息。这类生命表适合研究世代重叠的昆虫。通过综合分析特定时间生命表可为我们提供种群在特定时间内的死亡率和出生率、净增殖率、内禀增长率 r_m 及周限增长率等。

2. 特定年龄生命表(age-specific life table)

该生命表以种群的年龄阶段(如虫态或虫龄)作为划分时间的标准,系统跟踪记载不同发育阶段或年龄区组中的死亡数量、死亡原因以及成虫阶段的繁殖数量。它与特定时间生命表的不同之处在于,它只记录某一发育阶段或年龄组的个体数或死亡数,而不是在同一时间记录各年龄个体的组合。特定年龄生命表可用于分析影响昆虫种群数量变动的关键因素,估计出种群发展趋势指数,进而组建预测式等。这种生命表适合于世代隔离较清楚的昆虫种类。但在实际研究中,我们不是让研究对象服从生命表的形式,而是结合各类生命表的特点、优势来完成构建生命表的工作。

组建生命表的一般步骤和方法如下:

第一,根据研究对象和目的,确定生命表的具体结构;

第二,拟定研究方案。如确定取样方法,合理划分发育阶段或时间间隔,致死因子如何确定等;

第三,实施试验;

第四,资料的整理及统计分析。资料整理应在每个生命表完成后进行,以便及时发现问题。当完成几个同类的生命表(一般5～6个)后,就可以进行分析。

二、生命表的计算与分析

(一)舞毒蛾种群生命表

舞毒蛾特定年龄生命表见表 5-3。

表 5-3　舞毒蛾特定年龄生命表

年龄期 (x)	x 期开始的 存活数(l_x)	死亡因素 ($d_x F$)	x 期中的 死亡数(d_x)	死亡率 ($100 p_x$)	各期存活率 (S_x)	总存活率 ($S_x{}'$)
卵(E)	250(N_1)	寄生	50.0			
		其他	37.5			
		合计	87.5			
Ⅰ-Ⅲ龄幼虫 (L₁)	162.5	扩散等	113.8			
Ⅳ-Ⅵ龄幼虫 (L₂)	48.7	寄生	2.4			
		疾病	29.2			
		其他	?			
		合计	43.8			

续表 5-3

年龄期 （x）	x 期开始的 存活数（l_x）	死亡因素 （d_xF）	x 期中的 死亡数（d_x）	死亡率 （$100p_x$）	各期存活率 （S_x）	总存活率 （S'_{s_x}）
前蛹（BP）	4.9	干死	0.5			
蛹（P）	4.4	寄生	1.1			
		疾病	0.7			
		捕食	0.9			
		其他	0.4			
		合计	3.1			
成虫（A）	1.3	性比（3：7）	0.9			
成虫♀♀ （A♀）	0.4	—	—	—	—	—
一世代	—	—	249.6			
卵*	400（N_2）			—	—	—

* 为作者所加,并设雌平均产卵量为 1 000 粒（F）。

根据此生命表给出的数据,计算:

①生命表的最后三栏及"?"处数字。

$$100qx_i = (dx_i/lx_i) \times 100\%$$
$$Sx_i = 1 - dx_i/lx_i, \quad S'x_i = lx_{i+1}/N_1$$

②种群趋势指数 I 值。

$$I = N_2/N_1 = \Pi Sx_i \cdot F$$

$I \geqslant 1$ 代表下代种群数量将增加或与前代相等；$I < 1$ 表示下代种群数量将下降。

③关键因子 k_i 值及 Ms_i 值。

$$关键因子 \ k_i = \lg(lx_i/lx_{i+1}) = \lg(1/s_i)$$
$$Ms_i = 1/s_i$$

应根据多个生命表来确定关键因子,在一个生命表的条件下,由 k_i 及 Ms_i 的大小可初步看出各致死因子（d_xF）的作用,k_i 或 Ms_i 大的 d_xF 致死作用强。

④在图 5-6 上制作种群存活曲线。根据曲线形状,进一步分析关键死亡期及其关键致死因子。

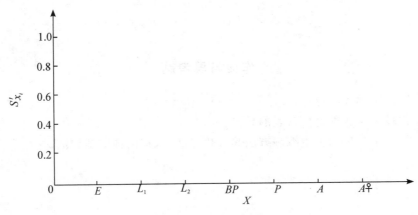

图 5-6　种群存活曲线

(二)庭园丽金龟生殖力表(生殖力表)

庭园丽金龟生命表见表 5-4。

表 5-4　庭园丽金龟生殖力表

代表性年龄(x)	存活率(l_x)	每雌产雌率(m_x)	$l_x m_x$	$l_x m_x x$
0	1.00	—		
49	0.46	—		
50	0.45	—		
51	0.42	1.0		
52	0.31	6.9		
53	0.05	7.5		
54	0.01	0.9		
$\sum$	—	—		

根据此生命表给出的数据,计算:

① 生命表最后两栏数字。

② 世代净增殖率 $R_0 = \sum l_x m_x$;

平均世代期 $T = \sum l_x m_x x / \sum l_x m_x$;

内禀增长力 $r_m = (\ln R_0)/T$;

周限增长率 $\lambda = N_{i+1}/N_i = e^{r_m}$。

③ 根据如下公式计算 r_m 精确值。

$$\sum_{0}^{\infty} \exp(6.907\,8 - T_m x) \cdot l_x m_x = 1\,000$$

作业与思考题

①完成上述各项计算。

②比较上述两种群生命表的异同。

③思考生命表的基本编制方法和分析方法,试提出你的新想法。

第六章　昆虫实验技术

昆虫实验技术涉及的范围很广,这里仅就初学者在实验和教学实习中必须学习和掌握的基本技术和方法做简要介绍。

双筒体视显微镜(binocular stereo-microscope)是进行昆虫实验、教学和科研的常规仪器之一,必须了解其工作原理与结构,学会正确的使用方法以及一般的保养要点。

一、原理与结构

双筒体视显微镜(简称双筒镜)的光学成像系统由物镜、棱镜和目镜组成。

光学系统的左右两部分同装于一个机构中,犹如双眼直接观察物体,故具有立体感。物体经物镜第一次放大后,由目镜作第二次放大。棱镜组使物像由倒像转为正像,故在目镜焦平面上观察到的是与物体方位一致的正像。

双筒镜的类型不少,目前使用较多的有两类:一类是采用转动变倍物镜转盘的方法,获得无级渐次放大的连续变倍式,如国产的 XTB-01 型和日本产的 Olympus SZ-Ⅲ 型等;另一类是采用转动倍率盘的方法,获得放大的阶梯变倍,如国产的 HWG-1 型和 MSL 型等。

下面以连续变倍双筒体视显微镜为例(图6-1),介绍其结构和使用方法。

图 6-1　连续变倍双筒体视显微镜

这种双筒镜的目镜有 10× 的 1 对和 20× 的 1 对,2× 的大物镜 1 个。读数圈上的数字(1~4)是变倍物镜的放大倍数。

二、使用方法

1.准备工作

根据观察物体颜色深浅,选择操作台的白面或黑面(色深的用白面,色浅的用黑面)。将待观察的物体放在操作台上,液浸标本必须放在培养皿中;解剖用的标本先放入蜡盘再置于操作台上,以免弄脏操作台。

2.选择倍数

根据所观察标本的大小和特征的微细程度,装上所需要的目镜(10× 或 20×),转动变倍物镜转盘,使读数圈上的"1"对准圈下的标志,以得到较大的视野,便于寻找目标。然后转动左右直角棱镜,调整两目镜间的距离,使其与两眼间的距离一致。

3.调节焦距

放松锁紧手轮,使镜体上下移动(粗调),待找到物像后,拧紧锁紧手轮,再转动升降手轮(细调),调至物像清晰为止。如左右眼的视力不一致,可先调至左眼清晰,然后转动右目镜上的调焦环,以得到与左目镜同样清晰的物像。

4.变换倍数

如需变换倍数,可转动变倍物镜转盘,获得所需倍数。

放大倍数的计算:目镜倍数×变倍物镜倍数×物镜倍数(在不加 2× 大物镜时,物镜倍数是 1)。需在 80 倍以上观察时,应加上 2× 大物镜,并缩短工作距离,其最大放大倍数是 20×4×2＝160(倍)。

5.调整光线

调整光源与标本间的距离,转动标本使要观察的部位与光线呈不同的角度,达到最合适的亮度与明暗对比度,以便观察得更清楚、准确,获得满意的结果。

液浸标本应放在液体中观察,最好是用 70％ 的酒精而不用清水,标本容易在清水中漂浮且容易产生气泡,影响观察效果。观察活组织应在生理盐水中进行。

松开制紧螺丝,可使显微镜绕轴做任意方向旋转,以适应某些观察的需要。

Olympus SZ-Ⅲ型是连续变倍式的双筒体视显微镜,具有观看玻片的光源等附件,但其基本构造和使用方法与 XTB-01 型相同。

三、注意事项与保养措施

①取用时必须一手握住支柱,一手托住底座,保持镜身垂直,轻拿轻放。使用

前后应检查镜头等零件是否齐全，有无损坏，并进行登记。

②用升降手轮调节时，上下移动不要太快、太猛，调节距离不要太大，防止调到上下极点时损坏螺丝的齿条。松开锁紧手轮时，要用左手握住镜体，防止其快速上弹或下落，造成损坏。当调节失灵或发生故障时，不要强行扭转，应立即停止使用，并报告教师处理。

③显微镜的各个部件，尤其是镜头，均经过校验，不要自行拆卸。

④切勿用手接触镜面。镜面上的尘土可用擦镜头纸轻轻拭去，或用吹气球吹去，或用干净的镜头笔轻轻刷去。如镜面上有霉污，可用脱脂棉蘸显微镜清洁剂轻轻擦去（显微镜清洁剂是用乙醚 7 份与无水乙醇 3 份配制而成）。机械部分用软棉纱布擦净。为机械部分涂无腐蚀性的润滑剂（油）时，要特别注意不要使润滑剂接触到光学部件。

⑤切忌使物镜触及标本和液体，以免损坏和沾污镜头。

⑥观察结束后，将大物镜和目镜装入镜盒内，目镜筒用防尘罩盖好，然后放入镜箱内。显微镜不用时，应放入柜内，或用罩子罩好，置于阴凉、干燥、无灰尘及酸碱、蒸汽的地方。

第二节　　昆虫绘图的基本方法

昆虫绘图是学习昆虫学和从事昆虫学教学与科学研究工作必须掌握的基本技术。它可以帮助我们形象而深刻地了解和掌握昆虫的形态结构，及时记载所观察到的现象和特征。在发表科研成果和交流经验时，需要用全形图或特征图来简要地表现文章的内容，以便读者理解和掌握。现就实验和实习课上绘图的基本知识做一介绍。

一、需用物品

①绘图纸。用 16 开的白色道林纸及硫酸纸。

②绘图铅笔。中软（HB）、硬（3～4H）铅笔各 1 支。

③绘图钢笔和绘图墨汁或碳素墨水。

④透明直尺或三角尺、九宫格、两脚规、方格测微尺、放大镜或双筒镜、刀片和橡皮等用具。

二、绘图方法

1.表现形式

根据需要,可以是全形图或局部特征图。

昆虫全形图可分为背面、腹面和侧面三种图形。为了全面、正确地表现出头、胸、腹、翅、足等各部分的特征,必须注意各部分的比例关系。绘制鳞翅目、双翅目和膜翅目昆虫时,要用已经展翅的标本。为节省时间,虫体及附肢可先画一半,然后进行整合并图,但要特别注意完整、对称和比例的正确。

绘局部特征图时,要突出说明问题的部分。对针插标本要妥善安插,从不同角度观察虫体形态特征,寻求最能表达内容的一个角度来画;画触角和足时,应弄清体向,不要混淆左向和右向,正面和反面,以及内侧和外侧;画解剖器官和组织时(如咀嚼口器或消化系统各个部分),应事先摆好其相应位置和要表现的特征,并相对固定。

2.绘图步骤

绘图分为如下步骤。

(1)起稿 大型标本可直接用目测起稿,小型标本、玻片标本及特征图等在放大镜或双筒镜下起稿。

将标本放置妥当后,在绘图纸上决定图形的大小和各部分的排列。太大,费工夫,太小,某些特征难以表现,并且都不美观。动笔前,必须仔细观察各部分的形态特征及比例关系,在脑中有个明确的印象,然后用硬铅笔轻轻画出轮廓。原则上按先全体(如体长)、后部分(如体躯分段和分节,画足和翅等),再细微部分(如气门、刚毛等)的步骤画(图6-2,1、2、3、4)。初稿勾画完毕,要将图与标本对照,仔细观察,反复修改,力求正确和真实。

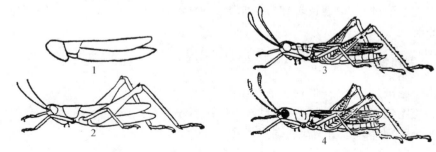

图6-2 蝗虫侧面图绘制步骤

（2）上墨　起稿完成后即可上墨。上墨分勾线和衬阴两步。

①勾线。钢笔图重视线条的勾描，要求粗细均匀、下笔正确。勾线一般习惯从左向右，自下而上，握笔要紧，下笔要轻。短线条可一笔完成；长线条需几笔完成时，要用两头尖的短线条连续衔接构成一条光滑均匀的长线。初学者往往不易掌握，要花一定的工夫练习才能得心应手。

昆虫的刚毛有粗细长短之分，要注意观察其形态、性质。画细毛最好一笔完成，速度要快；画粗毛时，下笔要重，手力慢慢减轻，同时加快速度。

②衬阴。画立体图形需要衬阴。用深浅不同的色调（包括明暗、层次等）来表现虫体的亮暗部分，使之产生立体感。衬阴一般由细小的圆点组成，有时也可用线条组成。

（3）修改　上墨完成后，要进行适当修改。对多余的墨迹或线条不够均匀和光滑之处，可用刀片仔细刮去。将刮毛的地方用干净橡皮擦匀，然后用指甲磨光；必要时再用钢笔轻轻描匀，也可用白色水彩颜料或广告色把多余的墨迹涂去；对着墨不足之处，用细钢笔轻轻描匀。经过认真、细致的修改，即可画出一张整洁而漂亮的图来。

实验作业绘图，一般不要求上墨与衬阴。起稿完成后，用 HB 的软铅笔描出均匀、光滑的实线，画出一张清晰而整洁的线条图即可。

三、格式

实验作业绘图必须有题目、图注及说明等，图注一律用铅笔或钢笔以虚线或实线引出并注以中文或外文，切勿用圆珠笔书写。

第三节　　**昆虫标本的采集**

昆虫标本是教学和科研的重要材料，采集昆虫标本是学习和研究昆虫的基础工作，是初学者必须掌握的专门技术。昆虫种类繁多，生活习性和生活环境复杂，要想获得大量、理想的标本，必须具备一定的采集工具和采集技术。

一、采集工具

1.捕虫网

捕虫网的种类很多，按功能可分为捕网、扫网和水网 3 种。

（1）捕网（图 6-3）　捕网用来捕捉飞行或停栖的活泼昆虫。网要轻便,不兜风,并能迅速、准确地从网中取出捕获的昆虫。网袋材料可选薄、细、透明的白色或淡色织物,如尼龙纱或珠罗纱等。网圈用粗铅丝弯成,直径 33 cm,两头折成直角,末端弯成小钩。网柄用长 70～100 cm,直径 1.5～2.0 cm 的木杆,并在杆的一端挖两条槽,钻洞。将网圈嵌放在网柄上,用铅丝、细绳缠住或用铁皮箍套起来便可使用。为携带方便,可将网圈的铅丝中央剪断,弯个小圈,互相套叠,折成半圆。网口用结实的白布制作。也可在渔具店选择适宜规格的抄网更换网袋后作为捕网使用。

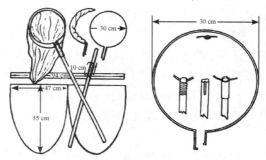

图 6-3　捕网及其构造

（2）扫网（图 6-4）　扫网用来扫捕草丛等茂密植物上的昆虫。网袋用较为结实的白布或亚麻布制作,网圈要粗些,网柄长约 50 cm。网袋在底部留一个口,使用时扎紧,扫到昆虫后打开,倒出扫集物;也可在口上缝松紧带,套一个透明塑料管,把扫集物集中到管中,便于观察和迅速换取塑料管,继续扫捕。

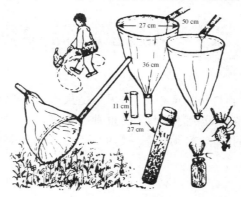

图 6-4　扫网及其用法

（3）水网（图 6-5）　水网用来捞捕水栖昆虫,网袋用铜纱或尼龙纱制成。网柄要长,网圈和网柄的材料需结实,有韧性,才不会因水中阻力较大而折断。水网形式多样,可根据需要自行设计。

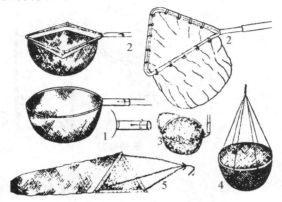

图 6-5　各种水网

1.捞网；2.铲网；3.挖网；4.吊网；5.水底采集网

2.吸虫管

吸虫管（图 6-6）用以采集微小和不易拿取的昆虫。选择较粗的玻璃管,配好软木或橡胶塞,在塞上打两个孔,各插入一段塑料或玻璃弯管,一段对准昆虫,另一段后部安装打气球,利用空气负压将昆虫吸入玻璃管中。注意在连接打气球的弯管顶部缠一小块纱布或铜纱,防止将昆虫吸入打气球的胶皮管中。

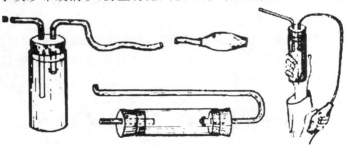

图 6-6　吸虫管及其用法

3.毒瓶

捕获的昆虫,除饲养所需之外都要利用毒瓶（图 6-7）杀死,死亡时间越短标本越完整。所以,毒瓶是不可缺少的采集用具。制作毒瓶,首先要选择优质的广口玻

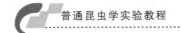

璃瓶(管),配上严密的软木塞或橡胶塞。

图 6-7 各种毒瓶

较理想的毒剂是氰化物,一般用纱布包裹 5～10 g 氰化钾(钠)小块或粉末放在瓶底,再用硬纸片或软木片、泡沫塑料片等将其卡住即可。也可在瓶底直接放入药粉,加锯木屑,压紧后倒入石膏糊固定(石膏粉加清水调成石膏糊)。氰化物遇水即放出氰化氢(HCN),毒性很强,因此在制作和使用毒瓶时要注意安全:保持室内通风;不接触皮肤;打开时不要对准面部;毒瓶要有专人保管,有严格的借用制度;野外采集时,万一打碎毒瓶要用镊子将瓶中药物夹入另一空瓶(管),盖严瓶塞,并将碎瓶深埋入土中。

除氰化物外,还可用乙酸乙酯、三氯甲烷和四氯甲烷等药物作毒瓶的毒剂。在瓶中放入适量脱脂棉,用长滴管滴入药液,然后用硬纸片卡住。这类药剂挥发快,作用时间短,注意适时加药。

毒瓶应保持清洁,瓶中放些纸条,既可以防止昆虫因相互摩擦而损坏,还可吸收多余水分。瓶口、瓶底等易碰碎部位可缠些塑料胶条加固。鳞翅目昆虫要单放一个毒瓶,以免破损或沾污其他昆虫。

4.采集袋

采集袋(图 6-8)用来携带采集工具,其大小式样如一般的背包,两侧或内部缝两排装指形管的筒状小袋以及几个大小不同的装毒瓶(管)的小袋。采集袋可分为3 层,分别装镊子、剪刀、手铲、手持放大镜以及拆下的捕虫网和笔记本、标签纸等,但不能过于复杂,要轻便、适用。

5.活虫采集器

活虫采集器(图 6-9)是用木板或铁皮做成的梯形纱笼,有一门及一装虫孔;也可用无底的大指形管,一端扎细铜纱或尼龙纱,一端塞软木塞,用来装活虫或养虫。

活虫采集器可根据需要自行设计。

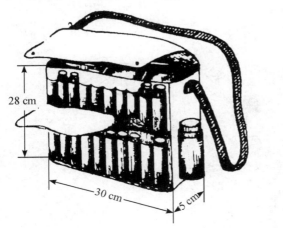

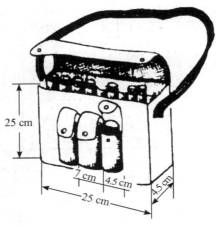

图 6-8　采集袋

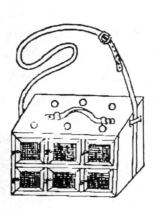

图 6-9　各种活虫采集器

6.指形管

指形管用来临时装昆虫和保存标本,常用 80 mm×20 mm 或 60 mm×12 mm 规格的玻璃管,配以软木塞或棉花塞制成。其他小管、小瓶都可以代用。

7.其他用具

其他采集用具包括手持放大镜、镊子、记录本、标签和毛笔(刷小型昆虫用)等,根据需要还可携带折刀、枝剪、手铲、小锯和植物标本夹等(图 6-10)。

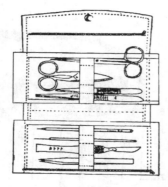

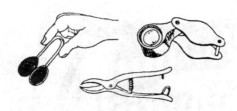

图 6-10　其他采集用具

二、采集方法

1. 网捕

会飞善跳的昆虫不论是活动还是静止时,都应网捕。昆虫一进网袋需立即封住网口,其方法是随挥网的动作顺势将网袋向上甩或迅速翻转网口使网圈与网袋叠合一部分。昆虫入网后应先将网袋的中部捏住,伸进毒瓶,开盖,装虫,封盖,取出毒瓶,切勿先从网口往里看,防止入网的昆虫逃脱。蝶类翅大、易破,可以隔网捏住胸部,渐加压力,使其不能飞行,再取出放入毒瓶。草丛中的小型昆虫可用扫网来回扫捕,待小虫和杂物集中在网底后,将网底塞入毒瓶,等昆虫毒死后倒出,进行分离。也可将网内的采集物临时装入指形管等容器,以后再进行分离和毒杀(图 6-11)。

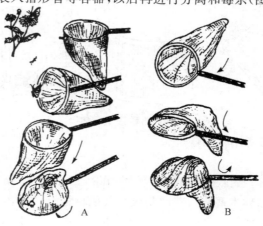

图 6-11　网捕方法
A. 上甩;B. 翻转

2.振落

许多昆虫具有假死性,一经振动就会下落,可在树下铺白布单等进行采集。有些白天隐蔽的昆虫,可以敲打、振动植物,使其惊起,然后网捕。

3.搜索

许多小型昆虫、越冬时期的昆虫、蛹期昆虫以及非活动时间(如白天)的昆虫都有一定的隐蔽之处,必须仔细搜索才能找到。一般在树皮缝隙中,砖石及枯枝落叶下都可采到大量昆虫。

4.诱集

利用昆虫对灯光和食物的趋性来采集昆虫是一种简便有效的方法。

(1)灯光诱集　夏日夜晚,常有许多昆虫在灯火周围飞舞,在附近的建筑物上可以采到许多昆虫。在田间架一只大瓦数的电灯和一块白布,会诱来许多昆虫,其中不少停栖在白布上,可供采集。

黑光灯是广泛应用的工具。这种灯管能发出 360 nm 左右波长的短波光,诱虫效果更好。按图 6-12A 装好后,放置在环境良好(如面山、临水),相对空旷的场所,晚上开灯,放入毒瓶,早晨关灯,取回毒瓶,可以获得丰富的昆虫标本。在农业生产上也常用黑光灯来测报虫情。

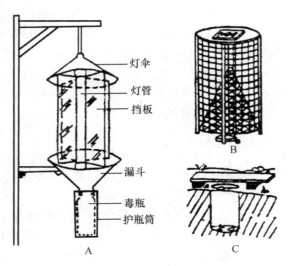

图中标注（从上至下）：灯伞、灯管、挡板、漏斗、毒瓶、护瓶筒

图 6-12　诱集方法
A.黑光灯;B.诱蝇笼;C.陷阱

(2)糖蜜及其他诱集方法　蛾类喜欢带甜酸味的物质。将一定比例的糖、醋、

酒液用微火熬成糖浆,涂在树干上可诱来许多昆虫。用烂水果等其他发酵物质也可进行诱集。将腐肉等放入诱蝇纱笼可以诱集某些蝇类,放入陷阱内可诱集腐食性甲虫(图 6-12B、C)。

三、采集时间和地点

昆虫种类繁多,生活习性很不一致,一年发生几代,何时开始出现,何时停止活动等可因虫种和地区而异。低纬度和低海拔地区比高纬度和高海拔地区温暖,一年中昆虫活动的季节长,适宜采集的时间多。一般日出性昆虫 10 时至 15 时活动最盛,适合采集,但有些种类黄昏时才开始大量活动,夜出性昆虫则在夜间活动。所以,最适合采集的时间应因昆虫、地域而异。任何季节和时间都可采到昆虫。

昆虫是最彻底地占据地球的动物。在地面和土中、水面和水中、动植物体的内外以及一些垃圾和腐败物质中都可采到昆虫。只要全面、认真、细致地采集,就可获得非常丰富的标本。初学者往往只注意采集大型、美丽、活泼的昆虫,忽视小型昆虫的采集(昆虫是小型种类多于大型种类),或者一种昆虫只采一个或几个,这都是不恰当的。

要定向采集某类昆虫就必须充分了解其生态和习性,到它所喜欢的环境中去采集。如弹尾目和双尾目昆虫喜潮湿,多生活于砖石下,落叶中;蜉蝣在黄昏时靠近水边成群飞舞,晚间在灯下活动,多停在附近的窗上、墙上;蝗虫多生活在草丛、农田中;蝼蛄生活在地下,在土中作隧道穿行;蓟马多生活在植物叶片和果实上,花中最容易找到;蚜虫多生活在叶片和枝条上;步甲白天多隐藏在砖石下面,夜晚出来活动;蝶类白天活动,大部分蛾类夜间活动等。采集时要注意观察记录,并采集幼期昆虫、被害状、被害植物及天敌昆虫等。

四、昆虫标本的暂时保存方法

采集到的昆虫应暂时保存起来,以便带回室内整理制作标本。常用的保存方法有纸三角袋和棉花包两种。

(1)纸三角袋　是用长方形的纸折成三角袋,可以包装各种昆虫。折叠方式如图 6-13 所示。一袋可装 1 个或 3～5 个昆虫,注意不能挤压和损坏。昆虫装好后,在口盖上注名采集的时间、地点、采集人、海拔和生态环境等信息。包装虫体较厚的甲虫和蝗虫时,可把两个底角捻紧,使三角袋鼓起或将纸卷成筒状,两头捻紧使用。注意其触角和足等附肢应理顺贴于体躯,以免损坏。

(2)棉花包　是由长方形的脱脂棉块外面包一层光滑的纸和一层牛皮纸制作而成。将毒瓶杀死的昆虫整齐地放在棉花上(注意腹面向上),再覆盖一层光滑的纸,外面用牛皮纸包好。注意,应将一块注明采集时间、地点等信息的白纸放在棉花包中,如果是不同地点、时间和植物上采集的标本,应用带颜色的线将它们隔开(图6-14)。

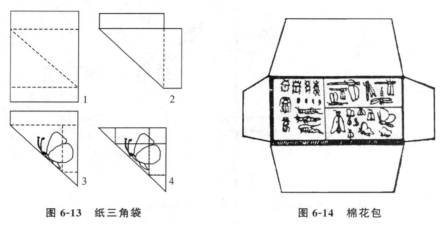

图 6-13　纸三角袋　　　　　　　　　图 6-14　棉花包

第四节　昆虫标本的制作与保存

为使昆虫标本长期保存,以便教学、科研等使用,采集的昆虫都需进行整理,制作成各种形式的标本。昆虫标本要求完整、干净、美观并尽量保持自然状态。因此,需要熟练的技术以及适当的工具和方法。

这里主要介绍针插标本的制作方法。

绝大多数昆虫,用毒瓶杀死后,经过整理姿势,充分干燥,不需任何药品处理就能长期保存。这是最普通的一种标本制作法,其主要工具和用法如下:

1.昆虫针

它是用于固定虫体的不锈钢细针,长约 38 mm,顶端有细铜丝盘绕而成的针帽,便于拿取。昆虫针按粗细不同可分十几个型号,但常用的是 0～5 号针,型号越大,直径越粗。

还有一种专门用来制作微小昆虫标本的无头很细短的"短针",是将 0 号针自尖端向上 1/3 处剪断而成,因此也叫二重针。其使用方法:先在型号适当的长针上插一个由硬白纸片或透明胶片制成的长 7.65 mm、宽 1.8 mm 的等腰三角形小片,或一段长 10 mm 的火柴棍,再将短针针尖向上刺在三角片或火柴棍上,最后将昆虫标本插在短针的针尖上。制作不需要展翅的微小昆虫标本时,也可以将其直接粘在三角片的尖端处,注意不要影响身体各部位分类特征(如口器、跗节等)的观察,因此粘接部位以虫体的右侧面为佳(图6-15)。

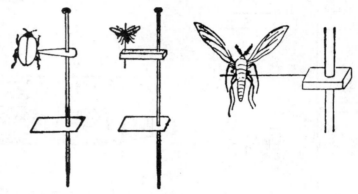

图 6-15　三角纸片和短针的用法(仿王林瑶)

2.三级台

三级台又名平台,是一个分为3级的小木块,每级中央有1小孔(小孔直径略大于5号针)。制作标本时将昆虫针插入孔内,控制虫体和标签在昆虫针上的相对位置,使之整齐、美观(图6-16)。

第1级高26 mm,用来定标本的高度,用双插法和粘制小型昆虫标本时,纸三角、软木片和卡纸等都用这级的高度。制作标本时,先把针插在标本的正确位置,然后放在台上,沿孔插到底,要求针与虫体垂直,姿势端正。

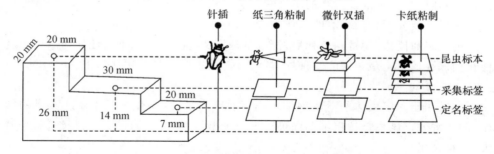

图 6-16　三级台使用方法及小型昆虫标本制作

第2级高14 mm,是插采集标签的高度。

第3级高7 mm,为定名标签的高度。一些虫体较厚的标本,在确定其高度时应倒转针头在此级插下,使虫体背面露出 7 mm,以保持标本整齐,便于提取。

各类昆虫的插针部位均有一定要求:一般都插在中胸背板的中央偏右,既可保持标本稳定,又不致破坏中央的特征。鞘翅目昆虫的插针位置在右鞘翅基部约 1/4 处,腹面位于中后足之间,不能插在小盾片上;有些半翅目昆虫的小盾片很大,针插在小盾片上偏右的位置;双翅目昆虫虫体多毛,常用以分类,针插在中胸偏右的位置;直翅目昆虫前胸背板向后延伸盖在中胸背板上,针应插在中胸背面的右侧;鳞翅目昆虫需要展翅,针插在中胸背板中央(图 6-17)。

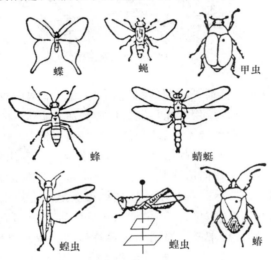

蝶　　蝇　　甲虫

蜂　　蜻蜓

螳虫　　蝗虫　　蝽

图 6-17　各类昆虫插针位置及整姿举例

3.整姿板

它是厚约 3 cm 的长方形木框,一般大小为 10 cm×30 cm,上面盖以软木板或厚纸板,用厚度相当的泡沫塑料板代替也很好用。三级台上插好的昆虫标本都可插在整姿板上整理。使虫体与板接触,用针把触角拨向前外方(触角很长的天牛和螽斯等应将触角顺虫体向后展),前足向前,中、后足向后,使其姿势自然、美观。若姿势不好固定,可用针或纸条临时别住,切勿直接把针插在附肢上。供展览、绘图和照相等用的标本,宜将附肢伸开摆好。专供研究用的标本,可将附肢收回贴于体旁,既便于携带和保存,又节省空间,且不易碰坏。经整姿后的标本要附上临时标签,待标本充分干燥后才能取下保存。

4.展翅板与展翅块

展翅板(图 6-18)是个"工"字形木架,上面装有两块表面略向内倾的木板,一

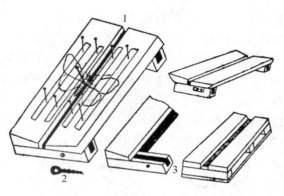

图 6-18　展翅板及用法

块固定,另一块可以左右移动,以调节两板间的距离。木架中央有一槽,内铺软木或泡沫塑料板,以便插针。使用时先将展翅板调到适宜宽度(较虫体略宽),拧紧螺钉固定。然后把定好高度的标本(以蝶为例)插在展翅板的槽中,翅基部与板持平,腹部置于槽内,用较透明而光滑的蜡纸等将翅压在板上。先用针拨动左翅前缘较结实的地方(如 Sc 脉),使翅向前展开,拨到前翅后缘与虫体垂直为度;再将后翅向前拨动,使前缘基部压在前翅下面,用针插住纸条固定。左翅展好后,再依法拨展右翅。触角应与前翅前缘大致平行并用纸条压住固定。腹部应平直,不能上翘或下弯,必要时可用针别住压平或下面用棉花等物垫平。双翅目昆虫一般要求翅的顶角与头顶相齐。膜翅目昆虫要求前后翅并接线与体躯垂直。脉翅目昆虫通常使后翅前缘与虫体垂直,然后将前翅后缘靠近后翅,但有些翅特别宽或狭窄的种类则以调配适度为止。蝗虫、螳螂等昆虫在分类中需用后翅的特征,制作标本时要把右侧的前后翅展开,使后翅前缘与虫体垂直,前翅后缘接近后翅。展翅标本也要附上临时标签,待标本充分干燥后,随同取下,供书写采集标签时参考。

　　展翅块(图 6-19)是小型蛾类等昆虫的展翅工具。一般选取 35 mm×35 mm×25 mm 或 35 mm×35 mm×35 mm 的木块,上面开一条 5 mm 左右的沟,沟底中央钻一洞,洞内塞些棉花制成。展翅时将插好针的标本插入洞中,翅基与块面持平,展翅时用线来代替针和纸条。先在木块边刻一小口,将线卡住,用针拨动翅,以线缠住,最后把线头卡在木块的切口中。为避免在翅面上压出线条痕迹,可在线

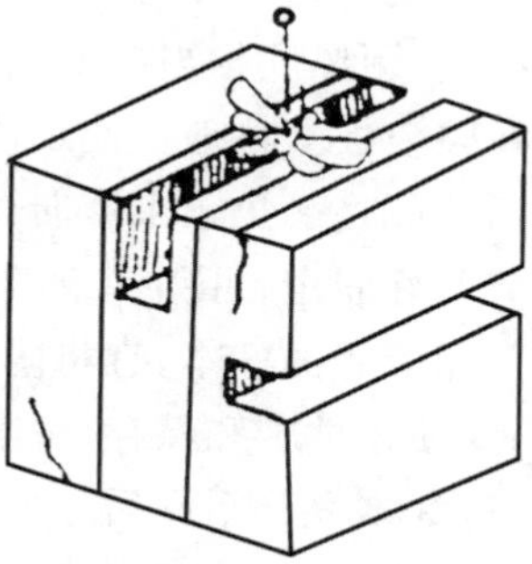

图 6-19　展翅块及用法

下压块光洁的纸片。

5.粘制与双插

小型昆虫应用胶水粘在已用昆虫针插好的卡纸或纸三角上。粘虫胶最好是水溶性的,必要时可以还软取下。体上有鳞片的小蛾类和一些多毛的蝇类,不易粘住,宜用"微针"插在软木条或卡纸上。

所有针插标本都要附采集标签,否则会失去科研价值。采集标签应写明采集的时间、地点和采集人等信息。

6.回软缸

它是用来使已经干硬的标本重新恢复柔软,以便整理制作的用具。凡是有盖的玻璃容器(如干燥器等)都可用作回软缸。缸底放些湿沙子,加几滴石炭酸以防发霉,将标本放入培养皿中,置于缸内,勿使标本与湿砂接触,密闭缸口,借潮气使标本回软。回软所需时间因温度和虫体大小而定。回软好的标本可以随意整理制作,注意不能回软过度,引起标本变质。

参 考 文 献

1. 白旭光.储藏物害虫与防治.北京:科学出版社,2002.

2. 彩万志,庞雄飞,花保祯,等.普通昆虫学.北京:中国农业大学出版社,2001.

3. 蔡邦华.昆虫分类学(中、下册).北京:科学出版社,1973,1985.

4. 陈树椿.中国珍稀昆虫图鉴.北京:中国林业出版社,1999.

5. 陈合明.昆虫通论实验指导.北京:北京农业大学出版社,1991.

6. 蒋国芳,郑哲民.广西蝗虫.桂林:广西师范大学出版社,1998.

7. 李鸿兴,隋敬之,周士秀,等.昆虫分类检索.北京:农业出版社,1987.

8. 李铁生.中国经济昆虫志 第三十册 膜翅目 胡蜂总科.北京:科学出版社,1985.

9. 刘举鹏.海南岛的蝗虫研究.西安:天则出版社,1995.

10. 忻介六,杨庆爽,胡成业.昆虫形态分类学.上海:复旦大学出版社,1985.

11. 南开大学,中山大学,北京大学,等编.昆虫学.北京:人民教育出版社,1980.

12. 乔格侠,张广学,钟铁森.中国动物志 昆虫纲 第四十一卷 同翅目 斑蚜科.北京:科学出版社,2005.

13. 隋敬之,孙洪国.中国习见蜻蜓.北京:农业出版社,1986.

14. 谭娟杰,王书永,周红章.中国动物志 昆虫纲 第四十卷 鞘翅目 肖叶甲科.北京:科学出版社,2005.

15. 吴燕如,周勤.中国经济昆虫志 第五十二册 膜翅目 泥蜂科.北京:科学出版社,1996.

16. 吴燕如.中国经济昆虫志 第九册 膜翅目 蜜蜂总科.北京:科学出版社,1965.

17. 郑哲民,夏凯龄,等.中国动物志 昆虫纲 第四卷 直翅目 蝗总科.北京:科学出版社,1994.

18. 夏松云,吴慧芬,王自平.稻田天敌昆虫原色图册.长沙:湖南科学技术出版社,1988.

19.萧刚柔,黄孝运,周淑芷,等.中国经济叶蜂志(Ⅰ).香港:天则出版社,1991.

20.杨星科,杨集昆,李文柱.中国动物志 昆虫纲 第三十九卷 脉翅目 草蛉科.北京:科学出版社,2005.

21.袁锋.昆虫分类学.北京:中国农业出版社,1996.

22.郑乐怡,归鸿.昆虫分类(上、下册).南京:南京师范大学出版社,1999.

23.北京农业大学.昆虫学通论(上册).北京:农业出版社,1980.

24.王林瑶,张广学.昆虫标本技术.北京:科学出版社,1983.

25.许再福.普通昆虫学实验与实习指导,北京:科学技术出版社,2010.

26. Gauld and Bolton.膜翅目.杨忠岐,译.香港:天则出版社,1992.

27. Triplehorn C A, Johnson N F. Borror and Delong's Introduction to the Study of Insects. 7th. Willington：Thomson Brooks/Cole,2005.